毛竹形态变异研究

张文根 于 芬 国春策 杨光耀 等◎著

中国林业出版社
China Forestry Publishing House

图书在版编目（CIP）数据

毛竹形态变异研究 / 张文根等著. -- 北京：中国林业出版社，2023.1
ISBN 978-7-5219-2080-2

Ⅰ.①毛… Ⅱ.①张… Ⅲ.①毛竹—植物形态学—研究 Ⅳ.①S795.701

中国国家版本馆CIP数据核字(2023)第002532号

策划编辑：李敏
责任编辑：王美琪
封面设计：北京八度出版服务机构

出版发行：中国林业出版社
　　　　（100009，北京市西城区刘海胡同7号，电话 83143548）
电子邮箱：cfphzbs@163.com
网址：www.forestry.gov.cn/lycb.html
印刷：河北京平诚乾印刷有限公司
版次：2023年1月第1版
印次：2023年1月第1次印刷
开本：787mm×1092mm　1/16
印张：7.75
字数：162千字
定价：88.00元

主要作者简介

张文根 男，博士、江西农业大学/江西省竹子种质资源与利用重点实验室副教授、硕士生导师，主要从事植物分类、进化发育与资源利用等研究。主持国家自然科学基金1项、国家科技支撑计划子任务1项、江西省重点研发计划项目1项；发表学术论文30余篇，出版著作1部；荣获江西省林业科技进步奖二等奖1项，江西省林业科技科普奖三等奖1项。

于 芬 女，博士、江西农业大学/江西省竹子种质资源与利用重点实验室教授、硕士生导师，中国林学会竹子分会理事、江西省植物学会理事，主要从事竹类植物发育生物学、竹类种质资源等领域的研究。主持国家自然科学基金项目3项、国家林业和草原局科技项目1项、江西省自然科学基金项目1项；发表学术论文40余篇；荣获江西林业科学技术奖1项。

国春策 男，博士、江西农业大学/江西省竹子种质资源与利用重点实验室教授、硕士生导师，江西省首批"双千计划"人才、江西省"青年井冈学者"，主要从事植物进化发育和比较基因组学研究。主持国家自然科学基金、国家重点研发计划子课题、江西省自然科学基金青年重点项目等10余项；发表学术论文20余篇。

杨光耀 男，博士、江西农业大学/江西省竹子种质资源与利用重点实验室教授、博士生导师，中国林学会树木学分会副理事长、中国林学会竹子分会常务理事、中国林学会古树名木分会副理事长、江西省植物学会副理事长、江西省林学会竹子专业委员会主任委员，主要从事竹子种质资源与利用和生物多样性保护等研究。主持国家自然科学基金项目、中央财政林业科技推广项目、江西省自然科学基金等30余项；发表学术论文90余篇，出版著作5部；荣获江西省科学技术进步一等奖1项、三等奖2项，林业部科学技术进步三等奖1项，梁希林业科学技术奖二、三等奖各1项。

毛竹（*Phyllostachys edulis*）
© W. G. Zhang

作者名单

张文根　江西农业大学
于　芬　江西农业大学
国春策　江西农业大学
杨光耀　江西农业大学
曹斌斌　江西农业大学
葛婷婷　江西农业大学
郭　蓉　江西农业大学
侯利涵　江西农业大学
胡添翼　江西农业大学
李凤娇　江西农业大学
李江平　江西农业大学
李雪梅　江西农业大学
李永龙　江西农业大学
刘　恒　江西农业大学
肖　姣　江西农业大学
赵婉琪　江西农业大学

青龙竹（*Phyllostachys edulis* 'Curviculmis'）
© W. G. Zhang

资助项目

国家林业和草原局科技发展中心项目"毛竹变异类型资源调查与评价"（KJZXSA202027）

中央引导地方科技发展资金"毛竹种质资源的遗传多样性研究"（20202ZDB01011）

"十四五"国家重点研发计划项目"竹藤生物质形成的遗传调控机制"课题"竹藤核心种质遗传结构解析及生物质形成与积累调控机制"（2021YFD2200502）

国家自然科学基金项目"发育年龄途径在调控竹类植物开花过程中的作用及其演化研究"（31960051）

江西省林学"十四五"一流学科建设项目

厚竹（*Phyllostachys edulis* 'Pachyloen'）
© W. G. Zhang

序

毛竹（*Phyllostachys edulis*）原产我国，是我国分布最广、面积最大、利用历史最悠久、经济价值最为重要的经济竹种。在自然和人工栽培过程中，毛竹种内形成了一系列的变异类型，这些变异类型是毛竹良种选育的重要种质资源。认识和掌握毛竹遗传多样性，是毛竹种质资源保护和利用过程中亟须解决的重要问题之一。

欣闻江西农业大学/江西省竹子种质资源与利用重点实验室研究团队，对我国毛竹变异类型进行了全面的整理，完成了《毛竹形态变异类型研究》一书。该书汇集了作者们数年来野外调查和相关研究成果，是我国毛竹遗传变异研究的集成。该书共收集了毛竹种内30余个变异类型，以清晰的彩色图片和简明的文字展示了毛竹各变异类型的关键形态特征，结合了电镜技术、现代分子生物学研究方法和手段，从多水平、多层次分析了毛竹形态变异，重建了毛竹变异类型的系统发育关系。该书所收录的毛竹变异类型及其分布，是基于对全国毛竹产区实地调查和研究数据，为研究毛竹的遗传多样性提供了重要的基础资料。

我国竹类植物遗传多样性研究基础较薄弱，这是一项长期且艰苦的工作，也是具有挑战性的工作。迄今，对我国最重要的经济竹种毛竹的遗传变异仍有很多未知领域。该书的出版是这一研究领域新的成果，也希望有更多从事竹类研究的学者通过不懈的努力，贡献更多的成果。欣喜之余，乐而为序！

丁雨龙

2022年10月16日于南京

青龙竹（*Phyllostachys edulis* 'Curviculmis'）
© W. G. Zhang

毛竹是重要的经济竹种。第九次全国森林资源清查结果显示[1]，我国毛竹有141亿多株，毛竹林总面积约467.78万hm^2，占全国竹林总面积的72.96%，其中面积在70万hm^2以上的省有福建、江西、湖南和浙江，合计达370万hm^2以上，占全国毛竹林面积的79.23%。毛竹在振兴乡村、繁荣山区方面具有重要的应用价值，在保持水土、涵养水源、净化空气、固碳储碳等方面也发挥着重要的生态作用。

毛竹开花周期较长，短则数十年，长则上百年开花一次，且开花结实后枯死。毛竹特殊的生物学特性导致以往人们对于毛竹的认识不全面，对其形态认识也不系统。基于观察和实验研究，本书从实生苗开始较系统地介绍了毛竹的根、竹鞭、竿、分枝、竿箨、枝箨、营养叶、花序、小穗、小花及其器官。通过文献资料、野外观察以及微形态特征研究，对长期人工栽培产生的毛竹变异类型进行了研究，收集和整理了毛竹种内30余个栽培品种，对其学名进行了考证和规范，对其关键形态特征（包括叶表皮微形态特征）进行了简要描述并配原色图。栽培品种中文名写法需加单引号，例如'安吉锦毛竹'，本书中栽培品种中文名出现频繁，为保持版面简洁美观，在此省略单引号。此外，利用现代分子生物学的研究方法和手段，重建了毛竹变异类型的系统发育关系，探究了毛竹不同变异类型的分化式样和主要表型性状的演化历史。

本书的编写由杨光耀、于芬、国春策和张文根发起，得到国家林业和草原局科技发展中心项目"毛竹变异类型资源调查与评价"（KJZXSA202027）、中央引导地方科技发展资金"毛竹种质资源的遗传多样性研究"（20202ZDB01011）和"十四五"国家重点研发计划项目"竹藤生物质形成的遗传调控机制"课题"竹藤核心种质遗传结构解析及生物质形成与积累调控机制"（2021YFD2200502）等项目的资助。本书的撰写具体分工如下：第1章由张文根撰写，研究生李永龙、李凤娇和刘恒参与部分图版制作和文字校对；第2章由张文根、于芬撰写，研究生郭蓉、胡添翼和肖姣参与图版制作和文字校对；第3章由国春策撰写，研究生李江平、曹斌斌和葛婷婷参与数据分析和图版制作。本书的统稿由张文根和杨光耀完成。

除注明引用的内容和插图外，本书所有文字、图和表均由作者及其所在团队集体创作。素材收集过程中得到安徽省广德县林业局赖广辉、浙江省安吉竹博园马静霞、国际竹藤中心安徽太平试验中心漆良华、江苏省常州市农业综合技术推广中心陈天国和四川农业大学杨林等同志的大力支持和帮助，在此表示诚挚的感谢！

由于时间仓促，加之水平有限，书中不足之处在所难免，不足之处敬请批评指正。

编著者

2022年11月

安吉锦毛竹（*Phyllostachys edulis* 'Anjiensis'）
© W. G. Zhang

序

前　言

第 1 章　毛竹基本形态

002　　　1.1　根

002　　　　　1.1.1　定　根
002　　　　　1.1.2　胚竹不定根
002　　　　　1.1.3　鞭　根
004　　　　　1.1.4　箆　根

004　　　1.2　茎

005　　　　　1.2.1　竹　鞭
007　　　　　1.2.2　竿
007　　　　　1.2.3　分　枝

010　　　1.3　笋

010　　　　　1.3.1　春　笋
011　　　　　1.3.2　鞭　笋
012　　　　　1.3.3　冬　笋

012　　　1.4　箨和叶

012　　　　　1.4.1　鞭　箨
012　　　　　1.4.2　竿　箨
012　　　　　1.4.3　枝　箨
013　　　　　1.4.4　营养叶

013　　　1.5　花序、小穗和小花

015　　　　　1.5.1　花　序
015　　　　　1.5.2　小　穗
015　　　　　1.5.3　小　花

015　　　1.6　果实和种子

第 2 章　毛竹形态变异类型

023　　2.1　毛竹种内的形态变异

023　　　　2.1.1　形状变异
023　　　　2.1.2　色彩变异
023　　　　2.1.3　其他变异

026　　2.2　毛竹栽培品种及其关键识别特征

026　　　　2.2.1　毛　　竹
028　　　　2.2.2　安吉锦毛竹
030　　　　2.2.3　安吉紫毛竹
032　　　　2.2.4　八字竹
034　　　　2.2.5　斑毛竹
036　　　　2.2.6　蝶毛竹
038　　　　2.2.7　方竿毛竹
040　　　　2.2.8　佛肚毛竹
042　　　　2.2.9　龟甲竹
044　　　　2.2.10　厚　　竹
046　　　　2.2.11　花竿金丝毛竹
048　　　　2.2.12　花龟竹
050　　　　2.2.13　花毛竹
052　　　　2.2.14　黄槽毛竹
054　　　　2.2.15　黄皮花毛竹
056　　　　2.2.16　黄皮毛竹
058　　　　2.2.17　金丝毛竹
060　　　　2.2.18　瘤枝毛竹
062　　　　2.2.19　绿槽龟甲竹
064　　　　2.2.20　绿槽毛竹
066　　　　2.2.21　绿皮花毛竹
068　　　　2.2.22　麻衣竹
070　　　　2.2.23　梅花毛竹
072　　　　2.2.24　强　　竹
074　　　　2.2.25　青龙竹
076　　　　2.2.26　曲竿毛竹

078	2.2.27	元宝竹
080	2.2.28	油毛竹
082	2.2.29	球节绿纹毛竹
082	2.2.30	孝丰紫筋毛竹
082	2.2.31	圣音毛竹
082	2.2.32	*Phyllostachys edulis* 'Aureovariegata'
083	2.2.33	*Phyllostachys edulis* 'Anderson'
083	2.2.34	*Phyllostachys edulis* 'Moonbeam'
083	2.2.35	*Phyllostachys edulis* 'Okina'
083	2.3	毛竹变异类型检索表

第3章 毛竹形态特征分析及祖先性状重建

088	3.1	毛竹变异类型的形态特征分析
088		3.1.1 毛竹变异类型数量形态性状分析
091		3.1.2 毛竹变异类型质量形态性状分析
094	3.2	毛竹变异类型的系统发育关系
098	3.3	毛竹变异类型祖先性状重建

103	参考文献
106	中文名索引
107	学名索引

元宝竹（*Phyllostachys edulis* 'Yuanbao'）
©W. G. Zhang

第1章
毛竹基本形态

Moso Bamboo

毛竹[*Phyllostachys edulis* (Carrière) J. Houzeau[*]]，隶属于被子植物门（Angiospermae）单子叶植物纲（Monocotyledoneae）禾本科（Poaceae）竹亚科（Bambusoideae）倭竹族（Shibataeeae）刚竹属（*Phyllostachys* Sieb. & Zucc.），是原产于我国的常绿乔木状竹种，广泛分布于我国自秦岭、汉江流域至长江流域以南和台湾，黄河流域也有多处栽培[2~5]。毛竹俗名众多，如楠竹、江南竹、南竹、大竹、芳竹、茅竹、茅茹竹、狸头竹、猫儿竹、猫头竹、猫竹、苗竹和孟宗竹等[6~9]。1737年，毛竹引入日本，后又引至欧美。原描述系根据法国栽培的竹株，未引证模式标本[10]，F. A. McClure（1956）将采自美国Barbour Lathrop植物引种园的21800号标本立为新模式[2]（图1-1）。

相比于被子植物其他分类群，毛竹的生活史通常较为漫长，且形态变化复杂（图1-2）。从种子到成竹，毛竹需要经历一段相当长的生长发育过程（10～15年），器官发生多次分化，不断蜕变，形成错综复杂的根、竹鞭、竿、枝、箨和叶等营养器官[11~12]。而又大约四五十年后，毛竹逐渐步入开花期，开花时间不齐，持续时间较长，甚至达10年以上[13~16]。

1.1 根

毛竹种子发芽后，胚根迅速伸长，先长根毛，再分生侧根，形成根系。毛竹根系为须根系（fibrous root system），从实生苗到成竹，先后具有定根（normal root of embryo bamboo）、胚竹不定根（adventitious root of embryo bamboo）、鞭根（adventitious root of bamboo rhizome）和笼根（adventitious root of bamboo culm），后三者均属不定根（adventitious root），它们在来源、结构和功能上有所差别（图1-3）。

1.1.1 定 根

定根是毛竹实生苗最初的根系类型，由毛竹种子的胚根直接发育而来，包括发生于胚根的主根和侧根，主根略粗，侧根逐级变细，具有吸收、运输、合成和固定竹苗的作用。

1.1.2 胚竹不定根

毛竹种子发芽，30～60天完成高生长（高约20cm），形成的第一代幼苗称之为胚竹（embryo bamboo）或原生苗。胚竹不定根是毛竹实生苗中紧随定根之后，从胚竹基部发生的一种根系类型，根系发达，属于不定根，具有吸收、运输、合成和固定竹苗的作用。该根型在形态和结构上与定根几无差别，共同组成须根系。

1.1.3 鞭 根

鞭根，由地下茎（即竹鞭）上的居间分生组织发育而来，具有吸收、运输、合成和固定作用。毛竹鞭根的根系分为4级，陈红分别对其各级根序的根系直径、根长、比根

---

[*] J. Houzeau: Houzeau de Lehaie, Jean (1867–1959)；现代诸多竹类书籍，如易同培等编著的《中国竹类图志》(2008)、马乃训等编著的《中国刚竹属》(2014)、江泽慧主编的《中国竹类植物图鉴》(2020)，常将其缩写为 H. de Lehaie，这是不规范的；此处遵从《Floral of China》(2006)的写法。

图1-1 毛竹新模式标本（21800号，F. A. McClure）
注：载自 https://botanicalgarden.cn:8888/jstor.html/。

图1-2 毛竹生活史

注：从A到F分别为毛竹种子、胚竹、具鞭竹苗、成竹和笋、小穗、小花及其器官。红色三角形标识处为地下茎（竹鞭）。比例尺：0.5cm（A）、1cm（B~C & E~F）、10cm（D）。

长、根组织密度等特征进行了研究，发现毛竹根系直径、根长、根组织密度为1级根序最小，4级根序最大，每增1级根序，直径增粗2~3倍，根长约增长4倍，而比根长随根序的增加而降低，1级根序比根长最大，平均为36.28g/m，约是4级根序的150倍[17]。

1.1.4 笼根

笼根是由毛竹笋基部节上的根眼（属居间分生组织）发育而来的不定根，具有吸收、运输、合成和固定支撑竹竿的作用。笋基部15~20节发生笼根，其根系亦可分为4级，它们的直径、根长、根组织密度大体与鞭根相似。

1.2 茎

从胚竹到成竹，毛竹茎经历了一系列的分化与蜕变，形成了错综复杂的竹鞭（地下茎）、竿（竹竿）和各级分枝。

图1-3 毛竹的根

注：A为刚萌芽的毛竹种子，示定根；B为毛竹胚竹，示定根和胚竹不定根；C为竹鞭，示节上鞭根；D为毛竹笋，示基部节上笋根。nr、ar、rr、cr分别为定根、胚竹不定根、鞭根和笋根。比例尺：0.5cm（A）、5cm（B～D）。

1.2.1 竹 鞭

毛竹竹鞭（bamboo rhizome），即地下茎，为单轴型（monopodium），实心或近实心，细长，复轴分枝，在地下能长距离横走，具节和节间，节上有鞭箨（rhizome leaf）、箨环（nodal line）、鞭环（supranodal ridge）、鞭芽（rhizome shoot）和鞭根（rhizome root）。鞭箨为坚硬的鳞片状退化叶；箨环为鞭箨脱落后在鞭节上的痕迹，略微隆起；鞭环不明显，低于箨环；箨环与鞭环之间为节内，着生有鞭芽和鞭根（图1-4）。

根据组织分生能力和形态结构，完整的竹鞭可分为鞭柄（rhizome base）、鞭身（rhizome body）和鞭梢（rhizome fore-end）三部分。鞭柄组织一般不具有分生能力，节上无芽，无鞭根，位于竹鞭最基部，是子鞭与母鞭分岔的连接部分。从着生点起，鞭柄的直径由细到粗，节间的长度由短到长，节上根眼从无到有，具10～15节，主要功能为运输养分和水分。鞭梢又叫鞭笋，是竹鞭的先端部分，为坚硬的鞭箨所包裹，尖削如楔，具有强大的穿透力，竹鞭在地下纵横蔓延主要通过鞭梢的居间分生组织生长实现。鞭身是竹鞭的主要部分，由成熟组织构成的节和节间组成，每节鞭箨残败或脱落，节内具鞭芽和根眼。

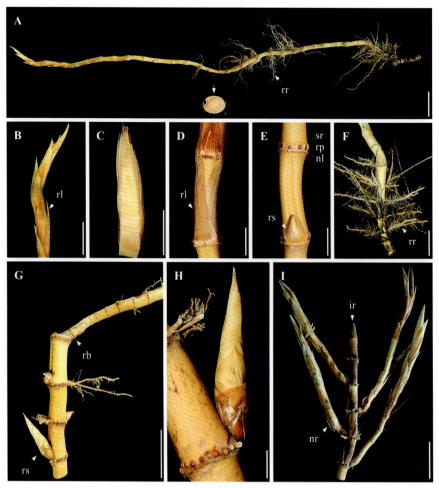

图 1-4 毛竹地下茎结构

注：A 为一完整竹鞭，示鞭根（rr）和实心竹鞭；B 为鞭梢，示鞭箨（rl）；C 为鞭梢纵切；D 为带箨鞭节；E 为无箨鞭节，示鞭芽（rs）、鞭环（sr）、箨环（nl）和根眼（rp）；F 示鞭根（rr）；G 为断鞭，示鞭柄（rb）和鞭笋（rs）；H 为鞭笋；I 为断鞭（ir），示新鞭（nr）。比例尺：2cm（D、E、H）、5cm（B、C、F）、10cm（A、G、I）。

鞭梢有时露出地面，在阳光影响下发育成鞭竹（rhizome bamboo；图 1-5 A），或再入土中形成弓形，称为跳鞭（exposed rhizome；图 1-5 B），又称浮鞭或露鞭[7]。鞭竹基部弯曲，细小，高常不足 2m，地径 0.5～1.0cm 不等。跳鞭的露出部分一般较其相连的竹鞭细小而节密，侧芽很少萌发，根眼极少发根，属于输导系统的一部分。

图 1-5 毛竹的鞭竹和跳鞭

注：A 为鞭竹；B 为跳鞭。rr、bs、er 分别为鞭根、竹笋和跳鞭。

除鞭柄以外，竹鞭每节通常有一枚鞭芽，交互着生。有的鞭芽负向地性强，向上发育成笋，出土长成新竹，其竿稀疏散生，形成散生竹林；有的鞭芽抽长成新竹鞭，不具有背地性（即负向地性），在土中横向蔓延生长，形成复杂的地下茎网络。

1.2.2 竿

竿（culm），又称竹竿，地下茎上的地上一级分枝（overground primary branch），其幼为笋，由笋芽发育而来，单分枝，与竹鞭连接处称为连接点（junction point），又称为"螺丝钉"[6]（图1-6 A）。一根完整的竿由竿身（culm trunk）、竿基（culm base）和竿柄（culm stalk）组成。毛竹竿顶端优势极为明显，通直，圆柱形，分枝侧具沟槽，分枝较弱，一般2分枝，一粗一细，属于单轴分枝（monopodial branching）。竿高可达20m，粗可达20cm，节间中空，节数可达70，基部节间甚短而向上则逐节增长，中部节间长达40cm或更长；幼竿一般密被细柔毛及厚白粉，箨环有毛，由绿色渐变为绿黄色；竿环不明显，低于箨环或在细竿中隆起（图1-6 B、C）。

毛竹竿壁可分为竹青（bamboo outer-culm）、竹壁中部（bamboo medio-culm）、竹黄（bamboo inner-culm）和竹衣（bamboo pellicle）四部分（图1-6 D、E）。竹青是竹壁外侧部分，表面光滑，常附有蜡质，组织紧密，质地坚韧，因表层细胞常含叶绿体而呈绿色；老竿，或采伐过久的竹竿，抑或某些栽培品种，如黄皮毛竹（*Phyllostachys edulis* 'Holochrysa'）、花毛竹（*P. edulis* 'Tao Kiang'）、黄槽毛竹（*P. edulis* 'Luteosulcata'）和绿槽毛竹（*P. edulis* 'Bicolor'）等，其叶绿素全部或部分变化或破坏，呈黄色或黄绿相间。竹壁中部位于竹青和竹黄之间，由维管束和基本组织构成。竹黄在竹壁的内侧，组织疏松，质地脆弱，呈黄色。竹衣位于竹黄的内侧，薄膜状，可用作笛膜。

1.2.3 分 枝

竿上分枝，为地下茎上的二级分枝（second branch），由竿节上的芽发育而来，常2分枝，一粗一细，一般实心（图1-7）。偶见1或3分枝，1分枝往往为竿上最初分枝节；3分枝常为近末梢分枝几节，且第三枝极为弱小，几乎不发育。枝箨纸质，早落。在毛竹诸多变异类型中，仅瘤枝毛竹（*P. edulis* 'Tumescens'）的分枝发生变异，其分枝基部肿大呈瘤状。

三级分枝（third branch）：由二级分枝节上的芽发育而来，2分枝，一枝发育，另一枝弱发育或呈芽状潜伏，实心。枝箨纸质，早落。

四级分枝（fourth branch）：由三级分枝节上芽发育而来，2分枝，一枝发育，另一枝呈芽状潜伏，实心。枝箨纸质，早落。

五级分枝（fifth branch）：由四级分枝节上芽发育而来，单分枝，不再分枝，每节有潜伏芽，常为末级分枝，实心，其上具2～4片营养叶。前三四节具枝箨，枝箨纸质，早落；后两三节具营养叶，常绿。

图1-6 毛竹竿的基本结构

注：A为竹笋，示竿身（ct）、竿基（cb）、竿柄（cn）、竹鞭（rh）、笋根（cr）和鞭根（rr）；B为新竿基部；C为抽枝新竹；D为竿节和节间，示竹节（bn）、竿壁（cw）、节隔（di）和竹腔（bc）；E为竹壁横切基本结构，材料取自枝下胸径处，示竹青（boc）、竹壁中部（bmc）和竹黄（bic）。比例尺：5cm（A）、10cm（B～D）、2mm（E）。

图1-7 毛竹竿的分枝结构

注：A为分枝整体结构；B为分枝基部结构；C为三级分枝基部结构；D为三级、四级和五级分枝结构；E为五级分枝及营养叶。sb、tb、fb和fib分别为二级分枝、三级分枝、四级分枝和五级分枝，bs、li、lb和ls分别为枝箨、叶舌、叶片和叶鞘。比例尺：10cm（A）、1cm（B~E）。

1.3 笋

毛竹是优良的笋用竹种，经营适当，四季产笋。春季出土的竹笋，称为春笋（spring bamboo shoot）。夏秋竹鞭生长旺盛，鞭梢幼嫩味鲜，称为鞭笋（rhizome shoot）。秋季竹鞭上的笋芽开始分化，冬季在土壤中膨大形成冬笋（winter bamboo shoot）。它们在形态结构、发生时间和生长方式等方面存在一定差异（图1-8）。根据1964年江西共产主义劳动大学总校师生的母竹带冬笋移栽法试验结果，冬笋和春笋都应属于竿芽的不同发育阶段，其萌动始于夏秋，膨大于秋冬，至春季雨后破土[7]。

1.3.1 春笋

春笋即春天出土的笋，在清明前后达到盛期，是毛竹最为主要的、产量最大的竹笋。其结构由笋箨、笋体、笋基、笋柄等组成。笋箨可细分为箨鞘、箨舌、箨耳及箨片（图1-8、图1-9）。箨鞘脉间组织表面密被棕色刺毛，呈上多下少和中间多两边少的分布特点。箨鞘背面分布大量黑褐色斑块，大小不一，尤以箨鞘顶部和中部密集。箨舌发达，

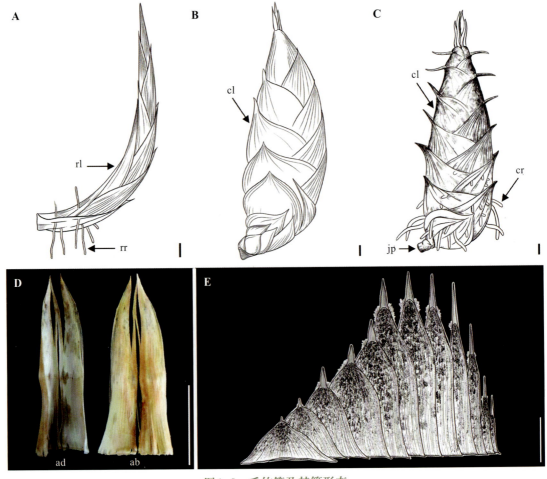

图1-8　毛竹笋及其箨形态

注：A为鞭笋；B为冬笋；C为春笋；D为即将脱落的鞭箨，结构自然破损；E为春笋笋箨，从左往右示由下往上不同部位的竿箨。ab为鞭箨远轴面；ad为鞭箨近轴面。cr、cl、jp、rr、rl分别为笋根、竿箨、连接点、鞭根、鞭箨。比例尺：1cm（A～C），10cm（D、E）。

图1-9 毛竹春笋及笋箨结构

注：A、B示笋箨、笋基、竿壁和髓腔；C~E示箨鞘、箨舌、箨片和继毛。cl、cla、clb、cll、cls、cos、cr、nd分别为竿箨、箨耳、箨片、箨舌、箨鞘、继毛、笋根和节隔。比例尺：10cm（A、B）、2cm（C~E）。

箨耳微弱，前者高约3mm，呈拱形，边缘具粗长弯曲继毛并一直延伸到后者。箨片亦差别较大，笋基部箨片仍呈窄披针形，而笋顶部箨片呈宽披针形且基部延伸至叶耳的基部，中部箨片为基部和顶部箨片的过渡态。此外，在光照的刺激下，箨片中产生大量叶绿体而呈绿色，甚至箨鞘顶部也可见绿色。

笋体分化出笋腔、笋壁和笋隔。发育早期，节间笋壁呈现上厚下薄的状态，笋隔较平，纵切面呈等腰梯形；而发育后期，节间上下笋壁厚度一致，节间呈圆柱形，笋隔呈波浪状的不规则上凸或下凹。春笋的笋基和笋柄，与冬笋阶段的相类似，仅笋基中下部数节为实心，中部和上部为空心，笋隔平。

1.3.2 鞭 笋

鞭笋由鞭芽发育而来，与冬笋和春笋在外观和结构上存在较大差别。虽然在休眠芽期难以区分，但随着生长发育，鞭笋芽细长，与竹鞭处于同一平面（除非碰到障碍），而冬笋芽则逐渐转向负地向上生长。鞭笋外由鞭箨包裹，其先端尖锐，是鞭笋在土壤中穿梭的利器，有利于在土壤中生长。相比冬笋笋箨，鞭箨长宽比要更大，箨鞘极为发达，箨片弱、几无，其他性状和冬笋相差无几（图1-8）。

1.3.3 冬 笋

冬笋由竹鞭侧沟内的芽膨大发育而来。发育过程中，笋芽由最初的单一膨大和伸长生长到逐渐弯曲朝向地面生长，并完成初步的增粗生长。完整的冬笋由笋箨、笋基、笋体和笋柄四部分组成。笋箨着生于箨环上，包裹笋体，处于冬笋最外层，是突破深厚土壤和保护笋体不受损伤的重要器官（图1-8）。笋箨外表附有一层厚厚的蜡质，组织紧密，质地坚韧，呈金黄色。笋箨在冬笋阶段未发育出箨舌和箨耳或极微小，主要由发达的箨鞘构成。箨鞘表面相间分布白色平行脉和黄色脉间组织，由基部延伸到顶部；箨鞘边缘具纤毛，脉上无毛，脉间早期具白色短柔毛，后期短柔毛转变为紫褐色长柔毛；箨片小，质地硬，无毛，先端似针状极尖锐，颜色与箨鞘接近。笋体具有明显的笋壁、笋隔、笋腔等结构，未纤维化和木质化，故笋肉脆嫩。笋基，又叫笋篼，由多节较短缩的节间、节、篼根及芽组成。篼根从根眼发育而来，扎破箨鞘而出。笋柄，即"螺丝钉"，是笋和地下茎（竹鞭）连接的部位，无芽，无根眼，其主要承担竹鞭、母竹与子竹的水分、养分传递和信号交流。笋柄节间极度短缩，直径甚小，上端较下端逐渐增粗，通常由十余节组成。

1.4 箨和叶

箨叶，常区分为箨和叶，均由"鞘"和"片"两部分构成，对幼鞭、幼竿和幼枝起到一定程度的保护作用。由于发生位置不同，它们的形态结构也存在一定程度的差异。根据着生位置和功能，毛竹的箨叶可划分为鞭箨、竿箨、枝箨和营养叶等类型。前三者"鞘"较为发达，而"片"较弱，呈针状、条状、披针形状，故称之为箨；而营养叶的"鞘"较弱，"片"发达，呈宽卵形或宽披针形，具有明显的假叶柄（pseudopetiolate）。

1.4.1 鞭 箨

鞭箨（rhizome leaf），仅具箨鞘，无箨片。箨鞘发达，革质或硬纸质，白色、黄色或黄白色，无色斑，其末端无箨耳、无继毛、无箨舌、无箨片，紧密包裹于地下茎（图1-4、图1-8 D）。箨鞘着生于竹鞭节上，起保护幼茎和利于竹鞭生长的作用。

1.4.2 竿 箨

竿箨（culm leaf），又称笋箨、笋衣，着生于笋和幼竿上，革质或硬纸质，由箨鞘、箨舌、箨耳、继毛和箨片组成。箨鞘背面黄褐色或紫褐色，具黑褐色斑点及密生棕色刺毛；箨耳微小，继毛发达；箨舌宽短，强隆起乃至尖拱形，边缘具粗长纤毛；箨片较短，长三角形至披针形，有波状弯曲，绿色，初时直立，以后外翻（图1-9）。竿箨早落，主要起保护笋和幼竿的作用，兼具早期光合、呼吸、蒸腾等作用。从竿基部到竿梢，竿箨结构通常发生变化，表现为箨片越来越发达，而箨鞘趋向窄长（图1-8 E）。

1.4.3 枝 箨

枝箨（branch leaf），纸质或膜质，着生于2～5级分枝上，早落，主要起保护幼枝及其芽的作用。其发育和结构与笋箨类似，但小很多，结构和质地有所简化（图1-7 C、图1-10 A～D）。

1.4.4 营养叶

营养叶（foliage leaf），着生于末级小枝上，具2～4叶，主要是具光合作用、呼吸作用、气体交换、蒸腾作用以及吸收作用的叶性器官。叶耳不明显，具鞘口䍁毛；叶舌隆起；具假叶柄；叶片较小较薄，披针形，长4～11cm，宽0.5～1.2cm，下表面中脉基部具柔毛，次脉3～6对（图1-7 D、E和图1-10 E）。从胚竹到成竹，毛竹营养叶片趋向于窄小[11]（图1-10 E、F）。

图1-10 毛竹枝箨和营养叶

注：A为二级分枝中上部枝箨；B为三级分枝枝箨；C为四级分枝枝箨；D为五级分枝枝箨；E为营养叶；F为实生苗营养叶。比例尺：1cm。

1.5 花序、小穗和小花

毛竹为多年生一次开花植物，开花特征比较特别，开花后通常会死亡，由其生物学特性和环境变化等综合因素所致[18]。乔士义等、孙立方等、郭起荣等、葛婷婷等对毛竹花序结构已有较为深入的研究[19~22]。毛竹开花迹象主要表现为新叶（佛焰苞）叶片变为浅绿色，小枝（后续即为花序）基部具2～3枚变态短小叶。

图1-11 毛竹花序结构

注：A为花枝；B为花序；C为小花；D～H分别为外稃、内稃、浆片、雄蕊、雌蕊。比例尺：5cm（A）、1cm（B～E、H）、1mm（F）、5mm（G）。

1.5.1 花　序

毛竹花序为假花序（false inflorescence），即续次发生花序（interactant inflorescence）[21]，以假小穗（pseudospikelets）组成整体的复穗状花序（synflorescence），基部托有2~7片逐渐增大的鳞片状苞片（不含小穗且多脱落）。花序具佛焰苞4~13片，呈覆瓦状排列，内各含有1~5枚假小穗，偏向一侧排列。佛焰苞内基部包裹1枚前出叶，具脊，脊上被有微毛，淡黄色透明状（图1-11A~B）。

1.5.2 小　穗

毛竹花序的小穗为假小穗（pseudospikelets），基部有一佛焰苞，具1颖片，1小花。小穗轴延伸于最上方小花的内稃的背部，呈针状，节间具短柔毛。小穗轴具白色茸毛，顶端小花可育或退化不育。

1.5.3 小　花

毛竹的小花为颖花，包含外稃（lemma）、内稃（palea）、浆片（lodicule）、雄蕊（stamen）和雌蕊（pistil）。外稃长约2cm，先端长尖，上部及边缘被微毛；内稃稍短于外稃，先端二裂，背部具两脊，中上部具微毛；浆片3枚，披针形，白色，长约4mm，膜质透明；雄蕊3枚，花药黄色，长1.2~1.5cm，花丝分离，长约4cm，花药成熟后垂悬于花丝且露出花外；雌蕊1枚，柱头白色，羽状三裂，开花时稃片张开，柱头伸出花外；花柱无毛，长1~1.5cm，长花柱；子房无毛，上位，1室，长3~4mm；胚珠1，倒生（图1-11 C~H）。

1.6　果实和种子

毛竹果实为颖果（caryopsis），长椭圆形，长4.5~6mm，直径1.5~1.8mm，顶端有宿存的花柱。其种皮与果皮不易分离（图1-12），种子由胚乳和胚组成，胚包含1枚子叶、胚芽、胚轴和胚根。带壳（即含宿存的外稃和内稃）种子的千粒重一般为15~25g，发芽较迟，而去壳种子的千粒重一般为8~15g，发芽较早。当年采集的成熟种子，其发芽率比较高，一般室内发芽率在0.5~0.7，圃地播种的为0.2~0.4[11]。种子贮藏越久，发芽能力越弱（表1-1）。

表1-1　贮藏时间对毛竹种子发芽率的影响*

采集年份	贮藏时间（年）	播种数	萌发数	发芽率(%)
2019年	2	388	3	0.77
2020年	1	486	165	33.95
2021年	<1	480	370	77.08

注：*贮藏条件为4℃冰箱，播种时间为2021年11月25日，数据统计时间为2022年1月14日。

图1-12 毛竹果实和种子

注：A、B为带壳的果实，示其背面（b1）、腹面（b2）、侧面（b3）和宿存浆片（b4）；C为颖果，示其正面（c1）、侧面（c2）和背面（c3）。比例尺：2cm（A）、5mm（B、C）。

金丝毛竹（*Phyllostachys edulis* 'Gracilis'）
© W. G. Zhang

绿槽毛竹(*Phyllostachys edulis* 'Bicolor')
© W. G. Zhang

第2章
毛竹形态变异类型

Moso Bamboo

毛竹栽培与利用在我国具有非常悠久的历史。从浙江省湖州市吴兴区钱山漾遗址发掘中推断，至迟在新石器时代，毛竹就被利用编制各种用具，如篓、篮、箩、筌、簸箕等[23]。在漫长的栽培利用过程中，毛竹竿、枝和叶等器官形态发生了较为丰富的变异，并被移栽和经营，形成了诸多变种、变型和栽培品种。

《中国植物志》记录了圣音毛竹（$P.\ edulis$ 'Tubaeformis'）、龟甲竹（$P.\ edulis$ 'Heterocycla'）、强竹（$P.\ edulis$ 'Obliguinoda'）、佛肚毛竹（$P.\ edulis$ 'Ventricosa'）、金丝毛竹（$P.\ edulis$ 'Gracilis'）、方竿毛竹（$P.\ edulis$ 'Tetrangulata'）、梅花毛竹（$P.\ edulis$ 'Obtusangula'）、花毛竹（$P.\ edulis$ 'Tao Kiang'）、黄槽毛竹（$P.\ edulis$ 'Luteosulcata'）、绿槽毛竹（$P.\ edulis$ 'Viridisulcata'）等10个栽培变种。易同培等编著的《中国竹类图志》记录了14个变异类型，增补了4个，分别是厚竹（$P.\ edulis$ f. $pachyloen$）、花竿金丝毛竹（$P.\ edulis$ f. $venusta$）、瘤枝毛竹（$P.\ edulis$ f. $tumescens$）、油毛竹（$P.\ edulis$ f. $epruinosa$）[24]。马乃训等编著的《中国刚竹属》记录了21个变异类型，遗漏3个（即方竿毛竹、花毛竹和瘤枝毛竹），在《中国竹类图志》基础上增补了10个变异类型，分别是安吉锦毛竹（$P.\ edulis$ f. $anjiensis$）、安吉紫毛竹（$P.\ edulis$ f. $purpureoculmis$）、斑毛竹（$P.\ edulis$ f. $porphyrosticta$）、蝶毛竹（$P.\ edulis$ f. $abbreviatu$）、花龟竹（$P.\ edulis$ f. $mira$）、黄皮花毛竹（$P.\ edulis$ f. $huamozhu$）、黄皮毛竹（$P.\ edulis$ f. $holochrysa$）、绿皮花毛竹（$P.\ edulis$ f. $nabeshimana$）、麻衣竹（$P.\ edulis$ f. $exaurita$）和孝丰紫筋毛竹（$P.\ edulis$ f. $purpureosulcata$）[24、25]。高健主编的《The Moso Bamboo Genome》记录了29个栽培变种[26]，遗漏了1个（即花毛竹），增补了6个，分别是八字竹（$P.\ edulis$ 'Bicanna'）、青龙竹（$P.\ edulis$ 'Curviculmis'）、$P.\ edulis$ 'Aureovariegata'、$P.\ edulis$ 'Anderson'、$P.\ edulis$ 'Moonbeam'、$P.\ edulis$ 'Okina'。

经文献资料整理、专著查阅和实地考察，现整理出已发表的毛竹变种、变型、栽培品种共计34个。参照史军义和吴良如处理办法[27]，在此均修订为栽培品种（表2-1）。

表2-1 毛竹种内的栽培品种

普通名	科学名称	《中国植物志》（1996）	《中国竹类图志》（2008）	《中国刚竹属》（2014）	《The Moso Bamboo Genome》（2021）	备注
安吉锦毛竹	P. edulis 'Anjiensis'			√	√	
安吉紫毛竹	P. edulis 'Purpureoculmis'			√	√	
八字竹	P. edulis 'Bicanna'				√	
斑毛竹	P. edulis 'Porphyrosticta'			√	√	
蝶毛竹	P. edulis 'Abbreviatu'			√	√	
方竿毛竹	P. edulis 'Quadrangulata'	√	√		√	
佛肚毛竹	P. edulis 'Ventricosa'	√	√	√	√	
龟甲竹	P. edulis 'Heterocycla'	√	√	√	√	
厚竹	P. edulis 'Pachyloen'		√	√	√	
花竿金丝毛竹	P. edulis 'Venusta'		√	√	√	
花毛竹	P. edulis 'Mira'	√		√	√	
花毛竹	P. edulis 'Tao Kiang'	√	√		√	
黄槽毛竹	P. edulis 'Luteosulcata'	√	√	√	√	
黄皮花毛竹	P. edulis 'Huamozhu'			√	√	
黄皮毛竹	P. edulis 'Holochrysa'	√	√	√	√	
金丝毛竹	P. edulis 'Gracilis'		√	√	√	
缩枝毛竹	P. edulis 'Tumescens'		√		√	
绿槽龟甲竹	P. edulis 'Lücaoguijiazhu'					参见文献[29]
绿槽毛竹	P. edulis 'Bicolor'	√	√	√	√	

(续)

普通名	科学名称	《中国植物志》(1996)	《中国竹类图志》(2008)	《中国刚竹属》(2014)	《The Moso Bamboo Genome》(2021)	备注
绿皮花毛竹	P. edulis 'Oboro'			√	√	
麻衣竹	P. edulis 'Exaurita'			√	√	
梅花毛竹	P. edulis 'Obtusangula'	√	√	√	√	
强竹	P. edulis 'Obliguinoda'	√	√	√		
青龙竹	P. edulis 'Curviculmis'				√	
曲竿毛竹	P. edulis 'Flexuosa'					参见文献[30]
元宝竹	P. edulis 'Yuanbao'					参见文献[31]
油毛竹	P. edulis 'Epruinosa'		√	√	√	
球节绿纹毛竹	P. edulis 'Qiujie Luwenmaozhu'					参见文献[18]
孝丰紫筋毛竹	P. edulis 'Purpureosulcata'			√	√	
圣普毛竹	P. edulis 'Tubaeformis'	√	√	√	√	
—	P. edulis 'Aureovariegata'				√	
—	P. edulis 'Anderson'				√	
—	P. edulis 'Moonbeam'				√	
—	P. edulis 'Okina'				√	

注："√"表示记录在册。"—"表示尚无相应中文名称。

2.1 毛竹种内的形态变异

毛竹种内的形态变异主要表现在器官形态和色彩两个方面，如竹竿和节间形状、节间和沟槽颜色、竿附属物、分枝结构和叶片纹饰等（图2-1、图2-2）。

2.1.1 形状变异

强竹（*Phyllostachys edulis* 'Obliguinoda'）竿基部呈现"之"字形，曲竿毛竹（*P. edulis* 'Flexuosa'）竿中下部存在较为明显的"之"字状，而青龙竹（*P. edulis* 'Curviculmis'）竿弯弯曲曲，整体呈现"S"形，婀娜多姿（图2-1 A~C）。

蝶毛竹（*P. edulis* 'Abbreviatu'）竿中下部连续节间畸形短缩，呈蝴蝶结形，而龟甲竹（*P. edulis* 'Heterocycla'）竿中部以下节间极为缩短，上下节间肿胀形似龟背（图2-1 D、E）。

方竿毛竹（*P. edulis* 'Quadrangulata'）竿钝四条棱，横切面近方形，而梅花毛竹（*P. edulis* 'Obtusangula'）竿具5~7条钝棱，横断面略似梅花形（图2-1 F、G、M）。

元宝竹（*P. edulis* 'Yuanbao'）竿扁圆形，节间缩短且局部凹陷，似元宝堆叠，而佛肚毛竹（*P. edulis* 'Ventricosa'）竿中下部节间膨大似肿，如佛肚状（图2-1 H、I）。

2.1.2 色彩变异

黄皮毛竹（*P. edulis* 'Holochrysa'）的竿为黄色，尤其是当年生新竿。花毛竹（*P. edulis* 'Tao Kiang'）、黄槽毛竹（*P. edulis* 'Luteosulcata'）、绿槽毛竹（*P. edulis* 'Bicolor'）、绿皮花毛竹（*P. edulis* 'Oboro'）和黄皮花毛竹（*P. edulis* 'Huamozhu'）竿的节间均具有黄、绿相间的纵条纹（图2-2 A~G）。

绿槽龟甲竹（*P. edulis* 'Lücaoguijiazhu'）、花龟竹（*P. edulis* 'Mira'）和球节绿纹毛竹（*P. edulis* 'Qiujie Luwenmaozhu'），它们的竿和节除不寻常的形状外，还具有不同程度的黄色或绿色的纵条纹（图2-2 J、K）。

此外，安吉紫毛竹（*P. edulis* 'Purpureoculmis'）和斑毛竹（*P. edulis* 'Porphyrosticta'）竿均具有不同程度的紫色斑点或斑块（图2-2 H、I）。

2.1.3 其他变异

竿高和竿壁薄厚等方面也存在一定程度的变异。例如，厚竹（*P. edulis* 'Pachyloen'）、麻衣竹（*P. edulis* 'Exaurita'）、金丝毛竹（*P. edulis* 'Gracilis'）等较毛竹原变种高度普遍矮小近一半以上。厚竹竿壁较厚，一般是普通毛竹竿壁厚度的两倍以上（图2-1 K、L）。

笋箨颜色也存在变异。例如，金丝毛竹（*P. edulis* 'Gracilis'）的竿箨常为红色，而安吉锦毛竹（*P. edulis* 'Anjiensis'）的竿箨为黄褐色或灰黄褐色，具宽窄不等的淡紫褐色纵条纹。

此外，油毛竹（*P. edulis* 'Epruinosa'）新竿无白粉、无表皮毛，具油性光泽（图2-1 J）。

图 2-1 毛竹变异类型竿形状多样性

注：A 为强竹（*Phyllostachys edulis* 'Obliguinoda'）；B 为曲竿毛竹（*P. edulis* 'Flexuosa'）；C 为青龙竹（*P. edulis* 'Curviculmis'）；D 为蝶毛竹（*P. edulis* 'Abbreviatu'）；E 为龟甲竹（*P. edulis* 'Heterocycla'）；F 为方竿毛竹（*P. edulis* 'Quadrangulata'）；G 为梅花毛竹（*P. edulis* 'Obtusangula'）；H 为元宝竹（*P. edulis* 'Yuanbao'）；I 为佛肚毛竹（*P. edulis* 'Ventricosa'）；J 为油毛竹（*P. edulis* 'Epruinosa'）；K 为毛竹（*P. edulis*）；L 为厚竹（*P. edulis* 'Pachyloen'）；M 为方竿毛竹（*P. edulis* 'Quadrangulata'）；N 为八字竹（*P. edulis* 'Bicanna'）。

图2-2 毛竹变异类型竿色和分枝

注：A为黄皮毛竹（*Phyllostachys edulis* 'Holochrysa'）；B为绿槽毛竹（*P. edulis* 'Bicolor'）；C为黄皮花毛竹（*P. edulis* 'Huamozhu'）；D为绿皮花毛竹（*P. edulis* 'Oboro'）；E为花毛竹（*P. edulis* 'Tao Kiang'）；F为黄槽毛竹（*P. edulis* 'Luteosulcata'）；G为一未知变异类型，示节间基部呈金黄色；H为安吉紫毛竹（*P. edulis* 'Purpureoculmis'）；I为斑毛竹（*P. edulis* 'Porphyrosticta'）；J为绿槽龟甲竹（*P. edulis* 'Lücaoguijiazhu'）；K为花龟竹（*P. edulis* 'Mira'）；L为瘤枝毛竹（*P. edulis* 'Tumescens'）。

2.2 毛竹栽培品种及其关键识别特征

2.2.1 毛 竹 | *Phyllostachys edulis*

——*P. edulis* (Carr.) J. Houz.[3]. ——*P. heterocycla* (Carr.) Mitford var. *pubescens* (Mazel) Ohwi[24]. ——*P. heterocycla* 'Pubescens'[2].

形态特征：幼竿密被细柔毛及白粉；箨鞘背面具褐色斑点和棕色刺毛；叶片较小，披针形。叶下表皮乳突分布于纵肋和气孔周边，或拱盖于气孔上；气孔复合体未凹陷（图2-3、图2-4）。

地理分布：分布自秦岭、汉江流域以南，引种栽培广泛。

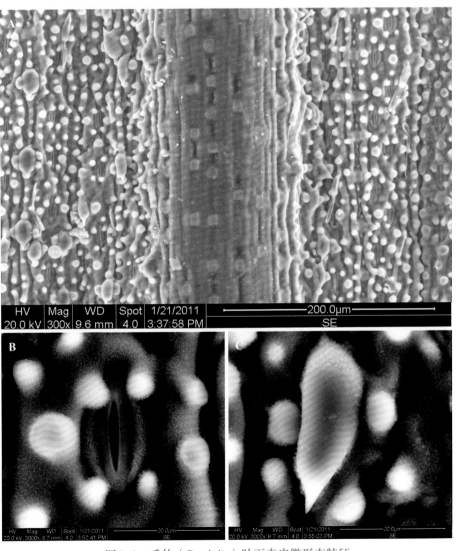

图2-3 毛竹（*P. edulis*）叶下表皮微形态特征
注：A为放大300倍；B为放大3000倍；C为放大3000倍。
图2-4 毛竹（*P. edulis*）春笋（A）、竿横切面（B）和笋芽（C）→

2.2.2 安吉锦毛竹 | *Phyllostachys edulis* 'Anjiensis' [27]

——*P. edulis* (Carr.) J. Houz. f. *anjiensis* (P. X. Zhang) G. H. Lai[32] ——*P. heterocycla* (Carr.) Mitford f. *anjiensis* P. X. Zhang[33].

形态特征：箨鞘淡或灰黄褐色，有宽窄不等的淡紫褐色纵条纹，上部紫褐斑密集，中下部较稀疏。叶下表皮具乳突、微毛、刺毛、气孔等（图2-5、图2-6）。

地理分布：原产浙江省湖州市安吉县，安徽省广德市有栽培。

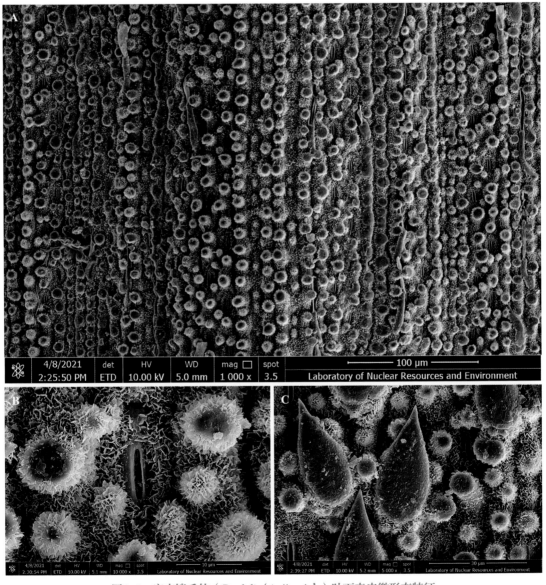

图2-5 安吉锦毛竹（*P. edulis* 'Anjiensis'）叶下表皮微形态特征
注：A为放大1000倍，B为放大10000倍，C为放大5000倍。

图2-6 安吉锦毛竹（*P. edulis* 'Anjiensis'）春笋（A、B）和竿箨（C）→

2.2.3 安吉紫毛竹 | *Phyllostachys edulis* 'Purpureoculmis' [27]

—*P. edulis* (Carr.) J. Houz. f. *purpureoculmis* P. X. Zhang, G. H. Lai et H. F. Zhang[34].

形态特征：新竹竿基部逐渐出现芝麻状淡紫褐色斑点，加深加密。叶下表皮具乳突、微毛、刺毛、气孔等（图2-7、图2-8）。

地理分布：浙江省湖州市安吉县。

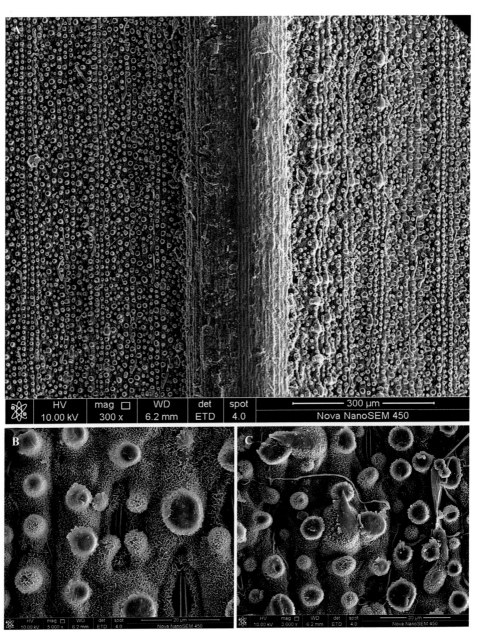

图2-7　安吉紫毛竹（*P. edulis* 'Purpureoculmis'）叶下表皮微形态特征
注：A为放大300倍，B为放大5000倍，C为放大3000倍。
图2-8　安吉紫毛竹（*P. edulis* 'Purpureoculmis'）竹林（A）、老竿（B）和新竿（C）→

2.2.4 八字竹｜*Phyllostachys edulis* 'Bicanna'[35]

形态特征：竿分枝侧及其对侧明显凹陷或扁平，面具有相通的"双腔"，横切面呈"8"字形。叶下表皮具乳突、微毛、刺毛、气孔等（图2-9、图2-10）。

地理分布：江西省南昌市蛟桥镇、塔城乡及贵溪市鸿塘镇。

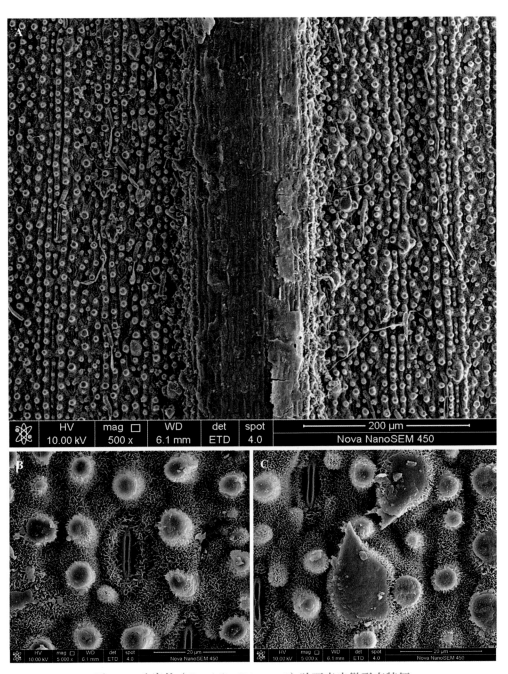

图2-9　八字竹（*P. edulis* 'Bicanna'）叶下表皮微形态特征
注：A为放大500倍，B为放大5000倍；C为放大5000倍。

图2-10　八字竹（*P. edulis* 'Bicanna'）竹林（A）、竿基（B）、新竿（C）和竿横切面（D）→

2.2.5 斑毛竹 | *Phyllostachys edulis* 'Porphyrosticta' [27]

——*P. edulis* (Carr.) J. Houz. f. *porphyrosticta* (G. H. Lai, X. Q. Hua et W. W. Zhou) G. H. Lai[25]. ——*P. heterocycla* 'pubescens' (Carr.) J. Houz. f. *porphyrosticta* G. H. Lai, X. Q. Hua et W. W. Zhou[36]. ——*P. edulis* (Carr.) J. Houz. f. *porphyrosticta* G. H. Lai[37].

形态特征： 竿节间逐渐出现紫色斑点，不断加密并连接成紫色或淡褐色斑块；叶下表皮具乳突、微毛、刺毛、气孔等（图2-11、图2-12）。

地理分布： 原产浙江省杭州市林业科学研究院竹类植物园，陕西省周至县、四川省北川县和重庆市梁平区有栽培。

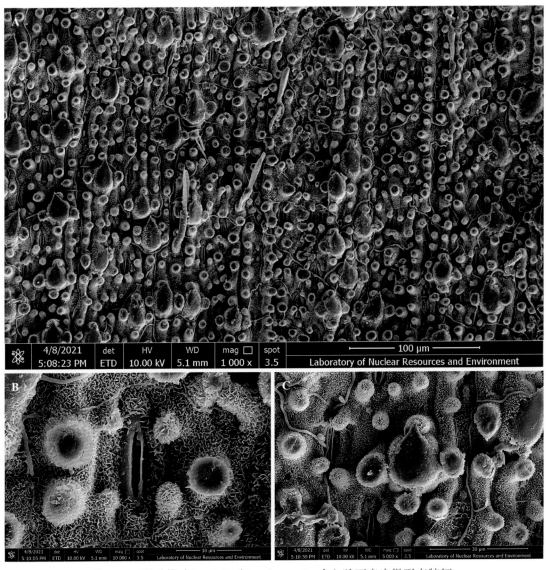

图2-11 斑毛竹（*P. edulis* 'Porphyrosticta'）叶下表皮微形态特征
注：A为放大1000倍，B为放大10000倍，C为放大5000倍。

图2-12 斑毛竹（*P. edulis* 'Porphyrosticta'）竹林（A）、春笋（B）及老竿（C）→

2.2.6 蝶毛竹 | *Phyllostachys edulis* 'Abbreviatu'[27]

—*P. edulis* (Carr.) J. Houz. f. *abbreviatu* G. H. Lai[32].

形态特征：竿中下部部分节间畸形短缩、凹陷、歪斜不平，上下节并不相连，略呈蝴蝶结形；叶下表皮具乳突、微毛、刺毛、气孔等（图2-13、图2-14）。

地理分布：安徽省广德市誓节镇胜利村凌云竹圃。

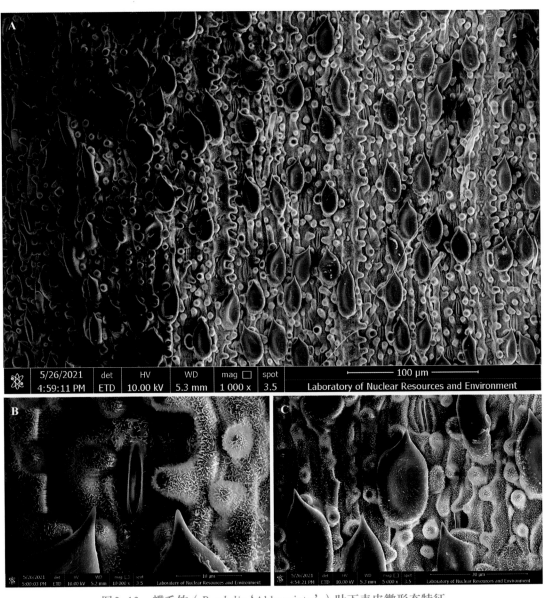

图2-13　蝶毛竹（*P. edulis* 'Abbreviatu'）叶下表皮微形态特征
注：A为放大1000倍，B为放大10000倍，C为放大5000倍。
图2-14　蝶毛竹（*P. edulis* 'Abbreviatu'）新竿（A）和竿基部结构（B）→

2.2.7 方竿毛竹 | *Phyllostachys edulis* 'Quadrangulata' [27]

—*P. edulis* (Carr.) H. de. Lehaie f. *quadrangulata* (S. Y. Wang) G. H. Lai[38]. —*P. pubescens* Mazel ex H. de Leh. f. *quadrangulata* S. Y. Wang[39]. —*P. heterocycla* (Carr.) Mitford 'Tetrangulata'[2]. —*P. heterocycla* (Carr.) Mitford f. *quadrangulata* (S. Y. Wang) Ohrnberger[40]. —*P. edulis* (Carr.) H. de. Lehaie 'Quadrangulatus'[41]. —*P. pubescens* Mazel ex H. de Leh. 'Quadrangulata'[42]. —*P. heterocycla* (Carr.) Mitford f. *tetrangulata* (S. Y. Wang) T. P. Yi[43]. —*P. heterocycla* (Carr.) Mitford f. *quadrangulata* S. Y. Wang[44]. —*P. edulis* (Carr.) J. Houz. f. *tetrangulata* (S. Y. Wang) T. P. Yi[45]. —*P. edulis* (Carr) J. Houzeau 'Quadrangulata'[46].

形态特征：竿横切面呈钝四棱形；叶下表皮具乳突、微毛、刺毛、气孔等（图2-15、图2-16）。

地理分布：原产湖南省岳阳市君山区，江西省清安县有栽培。

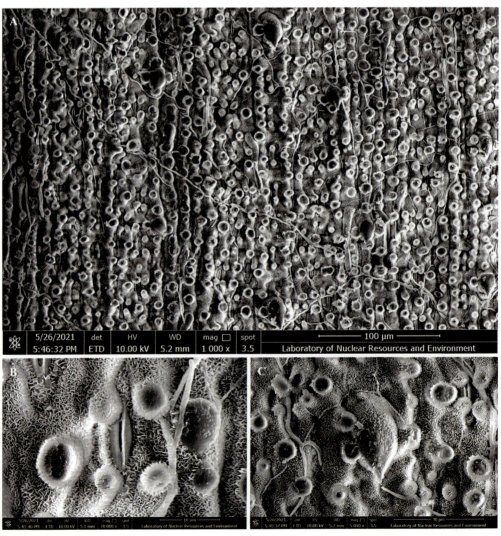

图2-15 方竿毛竹（*P. edulis* 'Quadrangulata'）叶下表皮微形态特征
注：A为放大1000倍，B为放大10000倍，C为放大5000倍。

图2-16 方竿毛竹（*P. edulis* 'Quadrangulata'）竹林（A）、春笋（B）、竿和竿壁（C、D）→

2.2.8 佛肚毛竹 | *Phyllostachys edulis* 'Ventricosa' [27]

—*P. edulis* (Carr.) J. Houz. f. *ventricose* (Z. P. Wang et N. X. Ma) Ohrnberger[40]. —*P. heterocycla* (Carr.) Mitf. var. *pubescens* (Mazel) Ohwi f. *ventricosa* Z. P. Wang et N. X. Ma[47].

形态特征：竿中部以下节间膨大如佛肚竹状，但相邻的节间并不彼此交互倾斜；叶下表皮具乳突、微毛、刺毛、气孔等（图2-17、图2-18）。

地理分布：浙江省湖州市安吉县安吉竹博园。

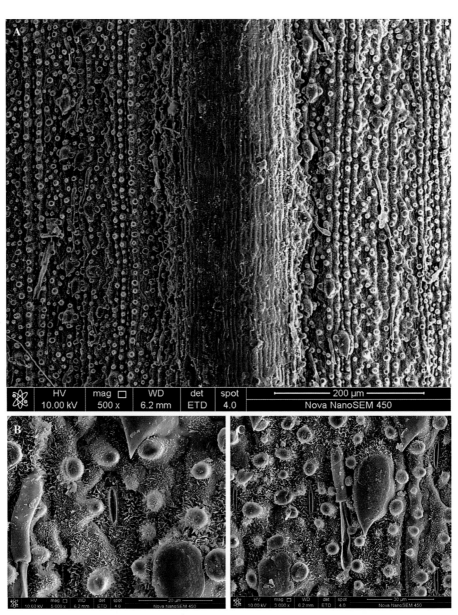

图2-17 佛肚毛竹（*P. edulis* 'Ventricosa'）叶下表皮微形态特征
注：A为放大500倍，B为放大5000倍，C为放大3000倍。
图2-18 佛肚毛竹（*P. edulis* 'Ventricosa'）老竿（A）、春笋和笋箨（B）→

2.2.9 龟甲竹 | *Phyllostachys edulis* 'Heterocycla' [27]

—*P. heterocycla* (Carr.) Mitford f. *heterocycla*[47]. —*P. edulis* (Carr.) J. Houz. f. *heterocycla* (Carr.) T. P. Yi[48]. —*P. heterocycla* (Carrière) Mitford[24].

形态特征：竿中部以下节间极为缩短，一侧肿胀，相邻节交互倾斜，畸形节间似龟背；叶下表皮具乳突、微毛、刺毛和气孔（图2-19、图2-20）。

地理分布：江苏、安徽、浙江和江西等省份有栽培。

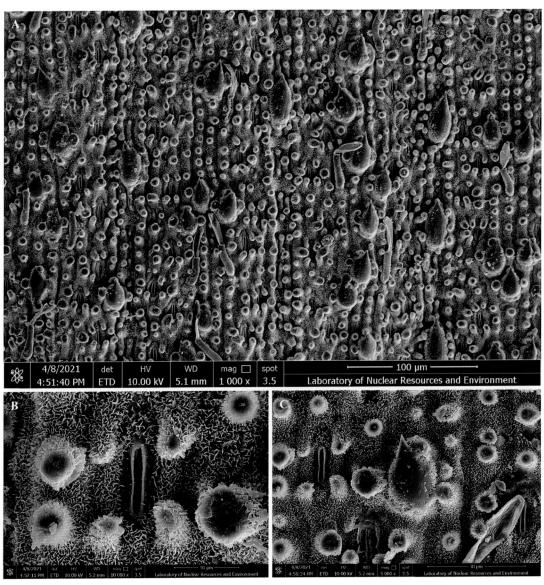

图 2-19　龟甲竹（*P. edulis* 'Heterocycla'）叶下表皮微形态特征
注：A为放大1000倍，B为放大10000倍，C为放大5000倍。
图 2-20　龟甲竹（*P. edulis* 'Heterocycla'）新竿（A）和春笋（B）→

2.2.10 厚 竹 | *Phyllostachys edulis* 'Pachyloen' [27]

—*P. edulis* (Carr.) J. Houz. f. *Pachyloen* (G. Y. Yang *et al.*) Y. L. Ding ex G. H. Lai[37]. —*P. heterocycla* 'Pachyloen' G. Y. Yang et al[48]. —*P. heterocycla* f. *pachyloen* (G. Y. Yang *et al.*) T. P. Yi[45]. —*P. heterocycla* (Carr.) Mitford f. *pachyloen* (G. Y. Yang *et al.*) T. P. Yi[24].

形态特征： 竿横切面略呈四方形，幼竿密被细柔毛及厚白粉，壁厚，近实心；叶下表皮具乳突、微毛、刺毛、气孔等（图2-21、图2-22）。

地理分布： 原产江西省宜春市万载县，湖南、安徽、河南和浙江等省份有栽培。

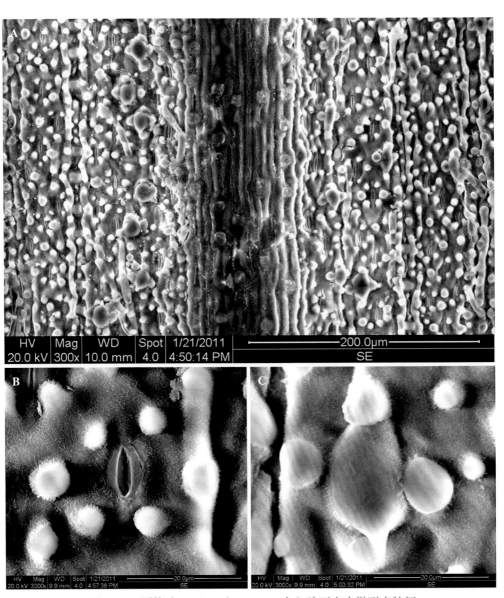

图2-21 厚竹（*P. edulis* 'Pachyloen'）叶下表皮微形态特征
注：A为放大300倍，B为放大3000倍，C为放大3000倍。

图2-22 厚竹（*P. edulis* 'Pachyloen'）春笋（A）、新竿（B）、老竿（C）和竿横切面（D）→

2.2.11 花竿金丝毛竹丨*Phyllostachys edulis* 'Venusta' [27]

—*P. edulis* (Carr.) J. Houz. f. *venusta* G. H. Lai[38]. —*Ph. heterocycla* f. *venusta* (G.H. Lai) T. P. Yi[45].

形态特征：竿较小，高7~8m，直径3~4cm；节间有宽窄不等的黄色纵条纹；叶下表皮具乳突、微毛、刺毛、气孔等（图2-23、图2-24）。

地理分布：安徽省广德市新杭镇。

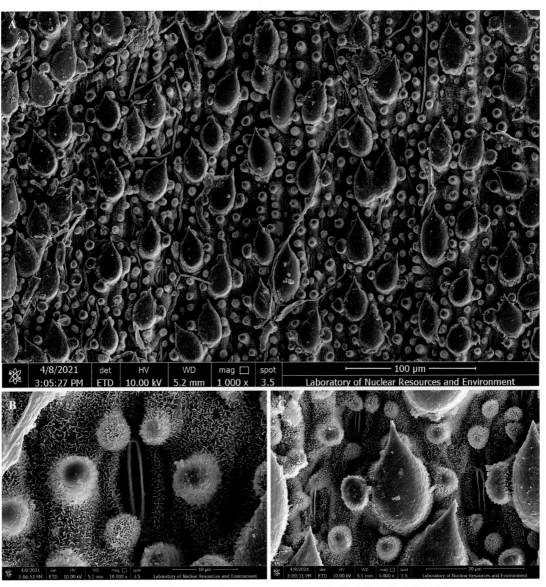

图2-23　花竿金丝毛竹（*P. edulis* 'Venusta'）叶下表皮微形态特征
注：A为放大1000倍，B为放大10000倍，C为放大5000倍。
图2-24　花竿金丝毛竹（*P. edulis* 'Venusta'）春笋（A）、幼竿和竿箨（B）以及竿基（C）→

2.2.12 花龟竹 | *Phyllostachys edulis* 'Mira' [27]

—*P. edulis* (Carr.) J. Houz. f. *mira* (P. X. Zhang, G. H. Lai et X. Q. Hua) T. P. Yi[49]. —*P. edulis* (Carr.) J. Houz. 'Mira' P. X. Zhang, G. H. Lai et X. Q. Hua[50].

形态特征：类似龟甲竹，但竿和枝有宽窄不等的黄绿相间的纵条纹；叶下表皮具乳突、微毛、刺毛、气孔等（图2-25、图2-26）。

地理分布：原产浙江省安吉县，江西省南昌市有栽培。

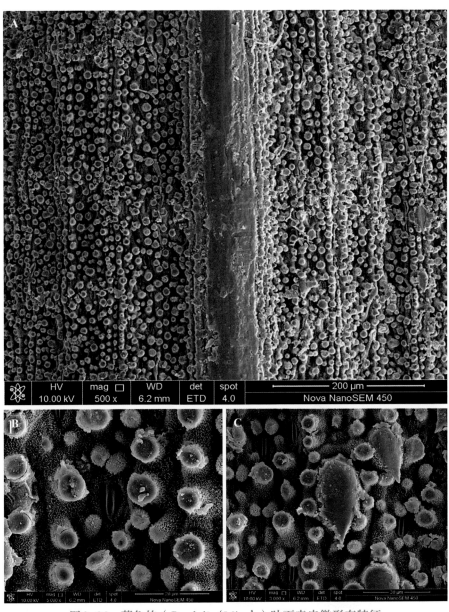

图2-25 花龟竹（*P. edulis* 'Mira'）叶下表皮微形态特征
注：A为放大500倍，B为放大5000倍，C为放大3000倍。
图2-26 花龟竹（*P. edulis* 'Mira'）春笋（A）和新竿（B）→

2.2.13 花毛竹 | *Phyllostachys edulis* 'Tao Kiang' [27]

—*P. pubescens* Mazel ex J. Houz. 'Tao Kiang' W. C. Lin[2]. —*P. heterocycla* (Carr.) Mitford f. *taokiang* (W. C. Lin) T. P. Yi[51]. —*P. pubescens* Mazel ex J. Houz. f. *grammica* W.Y. Hsiung[52].

形态特征：竹竿黄色，具绿色纵条纹；老竿转为绿色，有黄色纵条纹；叶片具黄色条纹；叶下表皮具乳突、微毛、刺毛、气孔等（图2-27、图2-28）。

地理分布：浙江莫干山、江苏常州、贵州赤水、安徽黄山、江西南昌等地有栽培。

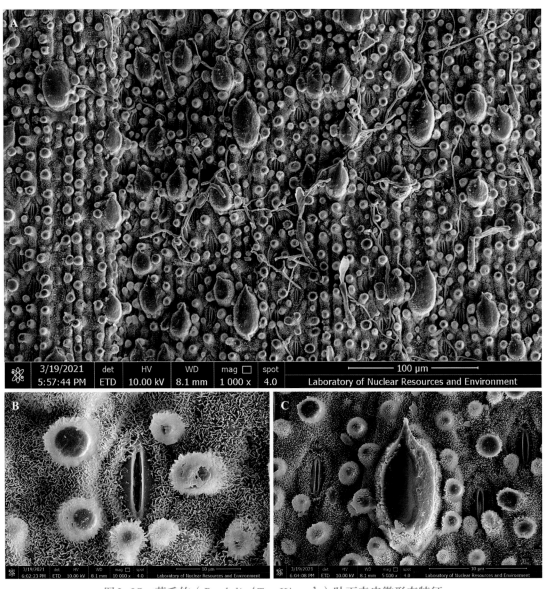

图2-27 花毛竹（*P. edulis* 'Tao Kiang'）叶下表皮微形态特征
注：A为放大1000倍，B为放大10000倍，C为放大5000倍。
图2-28 花毛竹（*P. edulis* 'Tao Kiang'）新竿（A）和竹林（B）→

2.2.14　黄槽毛竹｜*Phyllostachys edulis* 'Luteosulcata'[27]

—*P. edulis* (Carr.) J. Houz. f. *luteosulcata* (T. H. Wen) Chao et Renv[25]. —*P. pubescens* Mazel ex J. Houz. f. *luteosulcata* T. H. Wen[53]. —*P. heterocycla* (Carr.) Matsum f. *luteosulcata* (T. H. Wen) T. H. Wen[54]. —*P. heterocycla* 'Luteosulcata'[31].

形态特征：竿绿色，分枝一侧节间的沟槽则为黄色；叶下表皮具乳突、微毛、刺毛、气孔等（图2-29、图2-30）。

地理分布：原产浙江省湖州市安吉县，安徽省广德市和江西省南昌市有栽培。

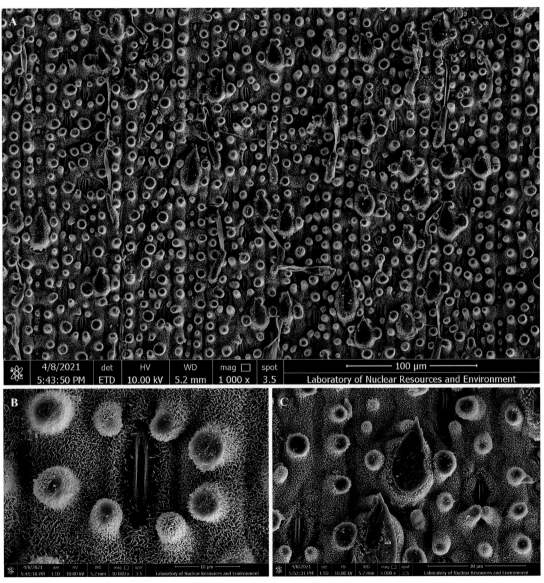

图2-29　黄槽毛竹（*P. edulis* 'Luteosulcata'）叶下表皮微形态特征
注：A为放大1000倍，B为放大10000倍，C为放大5000倍。

图2-30　黄槽毛竹（*P. edulis* 'Luteosulcata'）竹林（A）、春笋（B）、竿基部（C）和新竿（D）→

2.2.15　黄皮花毛竹 | *Phyllostachys edulis* 'Huamozhu'

—*P. edulis* (Carr.) J. Houz. f. *huamozhu* (Wen) Chao et Renv.[25] —*P. heterocycla* (Carr.) Matsum f. *huamozhu* (T. H. Wen) T. H. Wen[54].

形态特征：竿黄色，节间有鲜艳的粗细不一的绿色条纹；部分叶片具少数淡黄色纵条纹；叶下表皮具乳突、微毛、刺毛、气孔等（图2-31、图2-32）。

地理分布：浙江省湖州市德清县、安徽省广德市有栽培。

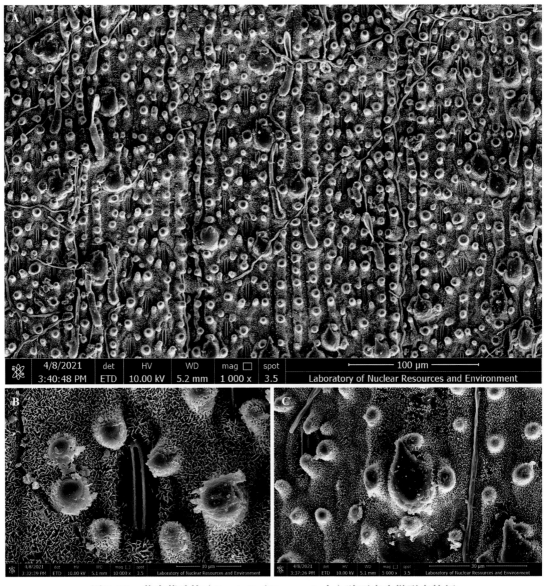

图2-31　黄皮花毛竹（*P. edulis* 'Huamozhu'）叶下表皮微形态特征
注：A为放大1000倍，B为放大10000倍，C为放大5000倍。
图2-32　黄皮花毛竹（*P. edulis* 'Huamozhu'）竿基（A）和成竹（B）→

2.2.16 黄皮毛竹 | *Phyllostachys edulis* 'Holochrysa'

—*P. edulis* (Carr.) J. Houz. f. *holochrysa* (Muroi et K. Kasahara) Ohrnberger[25]. —*P. pubescens* Mazel ex J. Houz. f. *lutea* T. H. Wen[53]. —*P. pubescens* var. *holochrysa* (Muroi & K. Kasahara) T. H. Wen[55]. —*P. edulis* (Carr.) J. Houz. f. *holochrysa* (Muroi & K. Kasahara) Ohrnberger[37].

形态特征：竿和枝金黄色；箨鞘颜色较淡；叶下表皮具乳突、微毛、刺毛、气孔等（图2-33、图2-34）。

地理分布：安徽省广德市、江苏省常州市、浙江省杭州市和绍兴市有栽培。

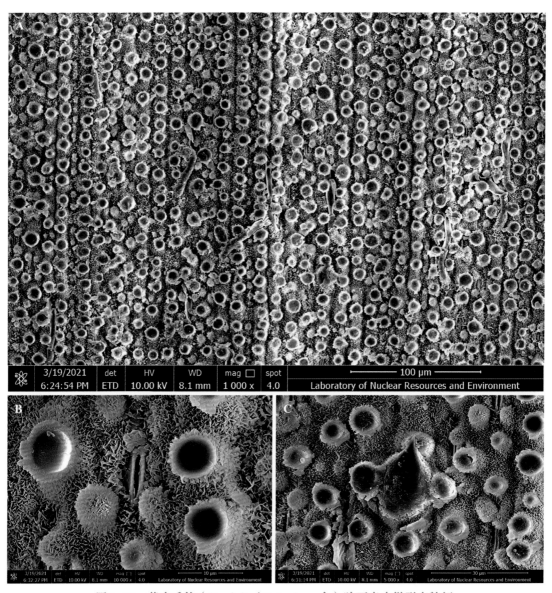

图2-33 黄皮毛竹（*P. edulis* 'Holochrysa'）叶下表皮微形态特征
注：A为放大1000倍，B为放大10000倍，C为放大5000倍。
图2-34 黄皮毛竹（*P. edulis* 'Holochrysa'）竹林（A）、春笋（B）及幼竿（C）→

2.2.17　金丝毛竹｜*Phyllostachys edulis* 'Gracilis' [27]

—*P. edulis* (Carr.) J. Houz. f. *gracilis* (Hsiung ex Houz) Chao et Renv[25]. —*P. pubescens* Mazel ex J. Houz. f. *gracilis* Hsiung[52]. —*P. heterocycla* f. *gracilis* (W. Y. Hsiung ex Houz.) T. P. Yi[56]. —*P. heterocycla* (Carr.) Mitford f. *gracilis* (W.Y. Hsiung) T. P. Yi[45]. —*P. heterocycla* 'Gracilis'[31].

形态特征：竿7～8m，直径3～4cm，壁较厚；叶下表皮具乳突、微毛、刺毛、气孔等（图2-35、图2-36）。

地理分布：江苏省宜兴市和安徽省广德市有栽培。

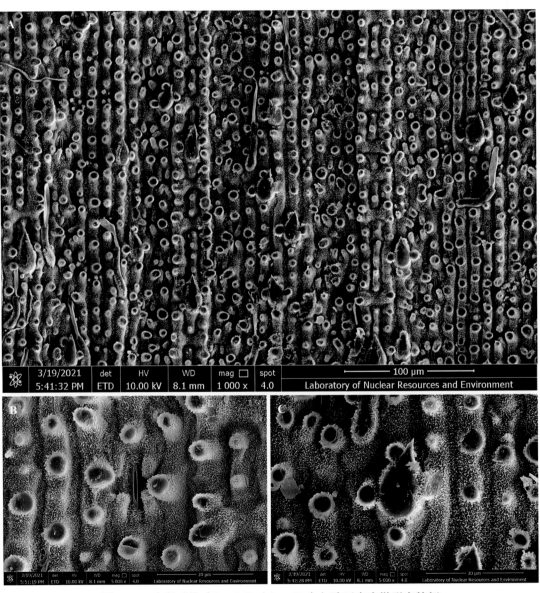

图2-35　金丝毛竹（*P. edulis* 'Gracilis'）叶下表皮微形态特征
注：A为放大1000倍，B为放大5000倍，C为放大5000倍。

图2-36　金丝毛竹（*P. edulis* 'Gracilis'）春笋（A）、竿基和竿箨（B）以及成竹林（C）→

2.2.18 瘤枝毛竹 | *Phyllostachys edulis* 'Tumescens'[27]

——*P. heterocycla* (Carr.) Mitford f. *tumescens* T. P. Yi et L. Yang[49]. ——*P. heterocycla* (Carr.) Mitford var. *pubescens* (Mazel) Ohwi f. *tumescens* T. P. Yi et L. Yang[57].

形态特征：竿较矮小，高6～7m，直径7～8cm，其下部枝条基部几节明显肿起，呈瘤状；叶下表皮具乳突、微毛、刺毛、气孔等（图2-37、图2-38）。

地理分布：目前仅见于四川省宜宾市长宁县万岭镇蜀南竹海风景名胜区。

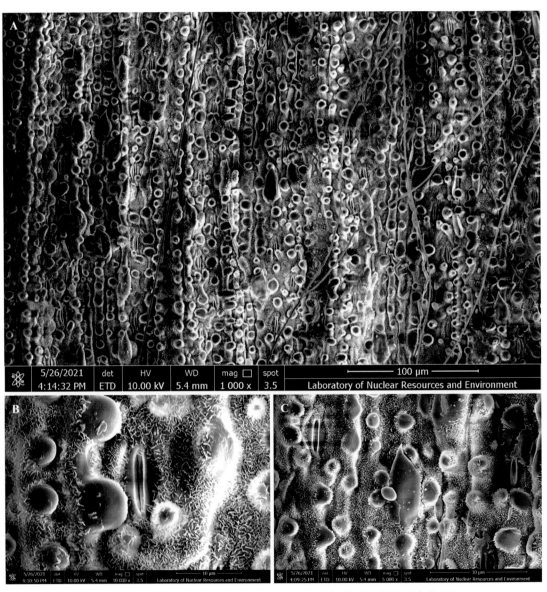

图2-37 瘤枝毛竹（*P. edulis* 'Tumescens'）叶下表皮微形态特征
注：A为放大1000倍，B为放大10000倍，C为放大5000倍。
图2-38 瘤枝毛竹（*P. edulis* 'Tumescens'）仅存植株（A）及其基部瘤状分枝（B）→

2.2.19 绿槽龟甲竹｜*Phyllostachys edulis* 'Lücaoguijiazhu'[28]

形态特征：类似龟甲竹，但竿黄色，分枝一侧沟槽呈绿色；叶片有淡黄色细条纹；叶下表皮具乳突、微毛、刺毛、气孔等（图2-39、图2-40）。

地理分布：原产江苏省常州市横山桥镇。

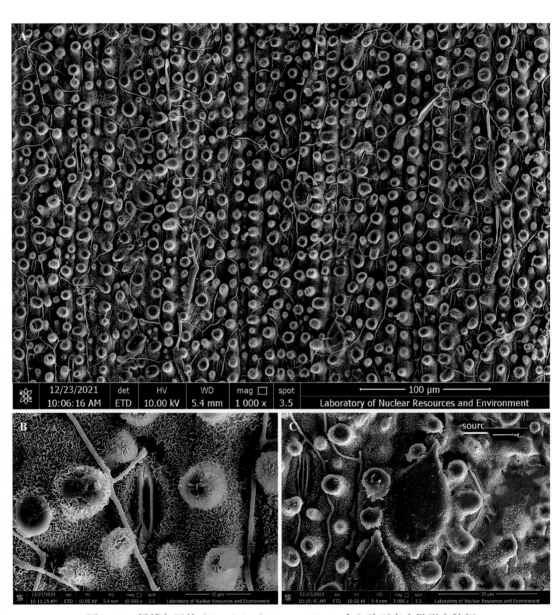

图2-39　绿槽龟甲竹（*P. edulis* 'Lücaoguijiazhu'）叶下表皮微形态特征
注：A为放大1000倍，B为放大10000倍，C为放大5000倍。
图2-40　绿槽龟甲竹（*P. edulis* 'Lücaoguijiazhu'）春笋（A）和新竿（B）→

2.2.20 绿槽毛竹 | *Phyllostachys edulis* 'Bicolor' [27]

—*P. edulis* (Carr.) J. Houz. f. *bicolor* (Nakai) Chao et Renv[38]. —*P. pubescens* f. *bicolor* (Nakai) T. H. Wen[55]. —*P. heterocycla* f. *bicolor* (Nakai) Muroi et Kasahara[58].

形态特征：竿黄色，分枝侧节间沟槽为绿色；箨鞘及其斑块的颜色较淡；叶下表皮具乳突、微毛、刺毛、气孔等（图2-41、图2-42）。

地理分布：安徽省广德市、黄山市和江西省宜丰竹博园有栽培。

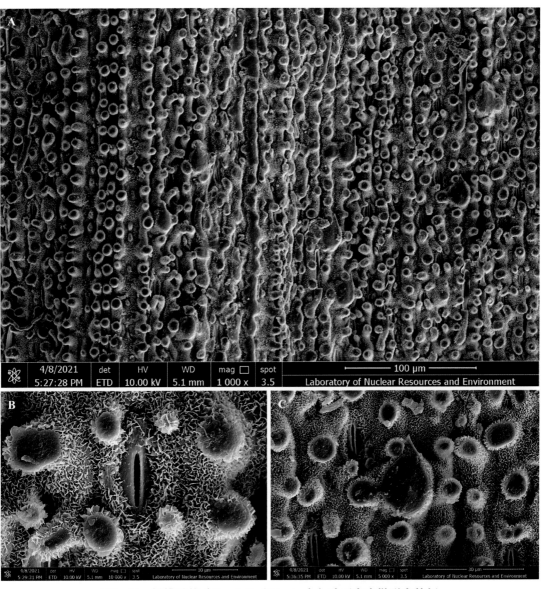

图2-41 绿槽毛竹（*P. edulis* 'Bicolor'）叶下表皮微形态特征
注：A为放大1000倍，B为放大10000倍，C为放大5000倍。
图2-42 绿槽毛竹（*P. edulis* 'Bicolor'）新竿（A）、春笋及笋箨（B）→

2.2.21 绿皮花毛竹 | *Phyllostachys edulis* 'Oboro'

—*P. edulis* (Carr.) H. de Lehaie 'Oboro'[59]. —*P. heterocycla* (Carr.) Mitford f. *oboro*[60]. —*P. edulis* (Carr.) J. Houz. f. *nabeshimana* (Muroi) Chao et Renv[25]. —*P. heterocycla* f. *nabeshimana* (Muroi) Muroi[61]. —*P. pubescens* Mazel ex H. f. *nabeshimana* (Muroi) T. H. Wen[55].

形态特征：竿为绿色，节间有宽窄不等的淡黄色或淡黄绿色细纵条纹；叶片绿色无淡黄色细条纹；叶下表皮具乳突、微毛、刺毛、气孔等（图2-43、图2-44）。

地理分布：中国安徽省、浙江省；日本爱知县名古屋市。

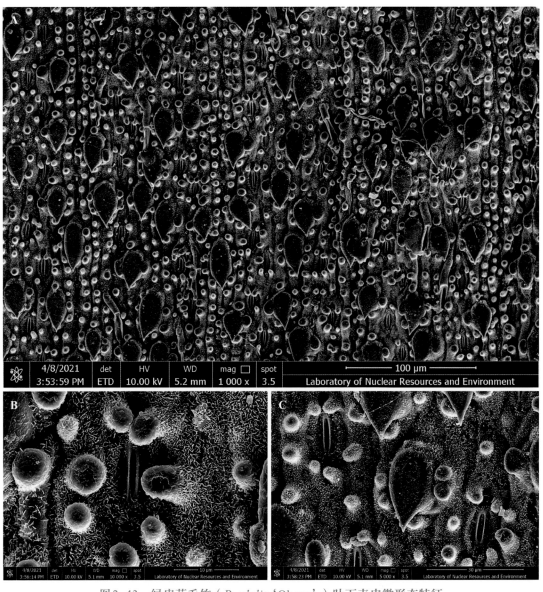

图2-43 绿皮花毛竹（*P. edulis* 'Oboro'）叶下表皮微形态特征
注：A为放大1000倍，B为放大10000倍，C为放大5000倍。

图2-44 绿皮花毛竹（*P. edulis* 'Oboro'）竹林（A）和竿基（B）→

2.2.22 麻衣竹 | *Phyllostachys edulis* 'Exaurita' [27]

——*P. edulis* (Carr.) J. Houz. f. *exaurita* T. G. Chen[62].

形态特征：竿箨无箨耳和鞘口继毛；竿纤细曲折，梢部弯曲呈下垂状；叶下表皮具有乳突、微毛、刺毛、气孔等特征（图2-45、图2-46）。

地理分布：原产江苏省常州市特种竹繁育场，安徽省广德市有栽培。

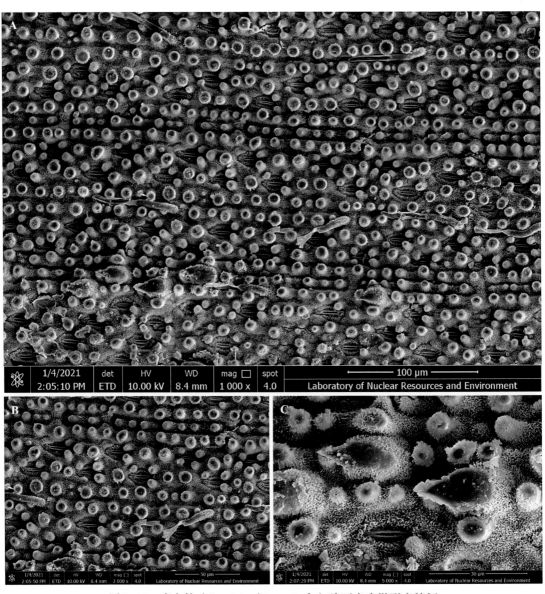

图2-45 麻衣竹（*P. edulis* 'Exaurita'）叶下表皮微形态特征
注：A为放大1000倍，B为放大2000倍，C为放大5000倍。
图2-46 麻衣竹（*P. edulis* 'Exaurita'）竹林（A）及其笋竿（B）→

2.2.23 梅花毛竹 | *Phyllostachys edulis* 'Obtusangula'[27]

—*P. edulis* (Carr.) J. Houz. f. *obtusangula* (S. Y. Wang) Ohrnb[25]. —*P. pubescens* Mazel ex J. Houz. f. *obtusangulata* S. Y. Wang[39]. —*P. heterocycla* f. *obtusangula* (S. Y. Wang) Ohrnb[59]. —*P. edulis* f. *obtusangula* (S. Y. Wang) Ohrnb[40]. —*P. heterocycla* f. *obtusangulata* (S. Y. Wang) T. P. Yi[45]. —*P. heterocycla* (Carr.) Mitford f. *obtusangulata* (S. Y. Wang) T. P. Yi[24].

形态特征：竹竿具钝棱5~7条；横切面略似梅花形；叶下表皮具乳突、微毛、刺毛、气孔等（图2-47、图2-48）。

地理分布：原产湖南省岳阳市君山区，安徽省广德市有栽培。

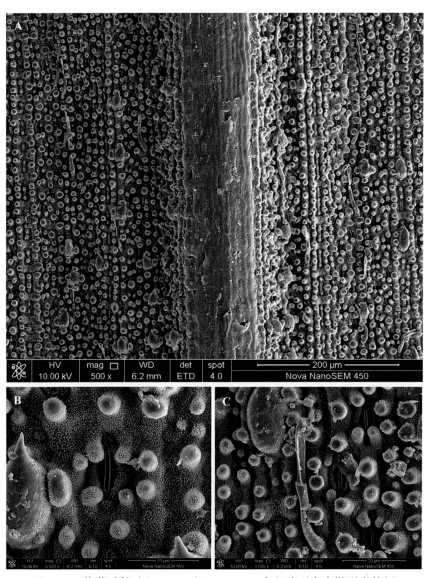

图2-47　梅花毛竹（*P. edulis* 'Obtusangula'）叶下表皮微形态特征
注：A为放大500倍，B为放大5000倍，C为放大3000倍。
图2-48　梅花毛竹（*P. edulis* 'Obtusangula'）新竿基部（A）和春笋（B）→

2.2.24　强　竹｜*Phyllostachys edulis* 'Obliguinoda' [27]

—*P. edulis* (Carr.) J. Houz. f. *obliguinoda* (Z. P. Wang et N. X. Ma) Ohrnberger[25]. —*P. heterocycla* (Carr.) Mitf. var. *pubescens* (Mazel) Ohwi. f. *obliguinoda* Z. P. Wang et N. X. Ma[48]. —*P. heterocycla* (Carr.) J. Houz. f. *obliguinoda* (Z. P. Wang et N. X. Ma) G. H. Lai[38]. —*P. heterocycla* (Carr.) Mitford. f. *obliguinoda* Z. P. Wang et N. X. Ma[63].

形态特征：竿相邻节交互倾斜，节间正常；叶下表皮具乳突、微毛、刺毛、气孔等（图2-49、图2-50）。

地理分布：浙江省湖州市安吉县、江苏省宜兴市太华镇和安徽省广德市有栽培。

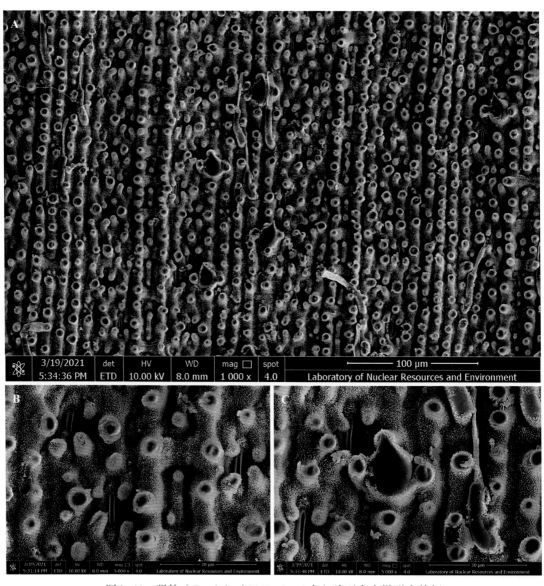

图2-49　强竹（*P. edulis* 'Obliquinoda'）叶下表皮微形态特征
注：A为放大1000倍，B为放大5000倍，C为放大5000倍。
图2-50　强竹（*P. edulis* 'Obliquinoda'）竹林（A）和春笋（B）→

2.2.25 青龙竹丨*Phyllostachys edulis* 'Curviculmis'[27]

—*P. edulis* (Carr.) J. Houz. f. *curviculmis* H. X. Wang et J. S. Peng[64].

形态特征：竿呈"S"形弯曲；节间长不均匀，外弧长于内弧；叶下表皮具乳突、微毛、刺毛、气孔等（图2-51、图2-52）。

地理分布：江西省宜春市奉新县柳溪乡和抚州市资溪县马头山镇。

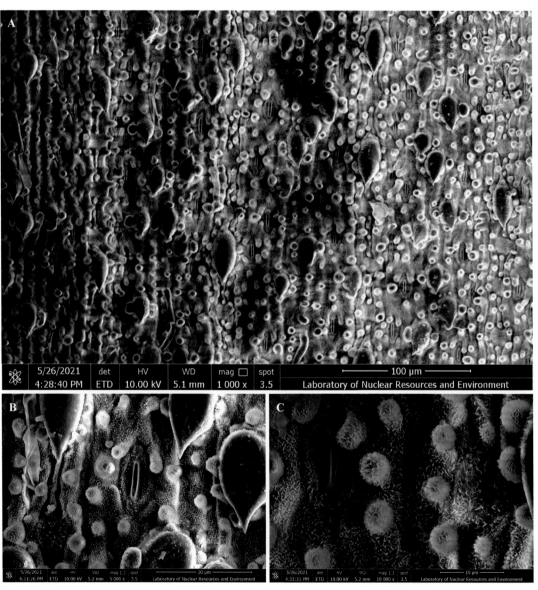

图2-51　青龙竹（*P. edulis* 'Curviculmis'）叶下表皮微形态特征
注：A为放大1000倍，B为放大5000倍，C为放大10000倍。
图2-52　青龙竹（*P. edulis* 'Curviculmis'）竹林、新竿和竿箨→

2.2.26 曲竿毛竹 | *Phyllostachy edulis* 'Flexuosa' [29]

形态特征：竿基部呈"之"字形弯曲；叶鞘无毛，背面被短柔毛；叶下表皮具乳突、微毛、刺毛、气孔等（图2-53、图2-54）。

地理分布：原产湖南省益阳市，安徽省黄山市太平湖镇引种栽培。

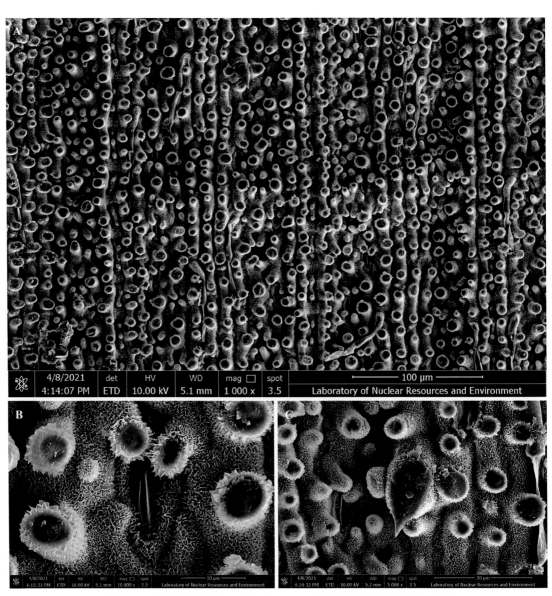

图2-53　曲竿毛竹（*P. edulis* 'Flexuosa'）叶下表皮微形态特征
注：A为放大1000倍，B为放大10000倍，C为放大5000倍。
图2-54　曲竿毛竹（*P. edulis* 'Flexuosa'）春笋（A）和竿（A、B）→

2.2.27 元宝竹 | *Phyllostachys edulis* 'Yuanbao' [30]

形态特征：竿扁圆形，基部节间较短且局部凹陷，似元宝状垒叠；叶下表皮具乳突、微毛、刺毛、气孔等（图2-55、图2-56）。

地理分布：江苏、浙江、安徽、福建、江西、云南、上海、四川、重庆等省份有栽培。

图2-55　元宝竹（*P. edulis* 'Yuanbao'）叶下表皮微形态特征
注：A为放大1000倍，B为放大5000倍，C为放大5000倍。
图2-56　元宝竹（*P. edulis* 'Yuanbao'）竹林（A）、春笋（B）和新竿（C）→

2.2.28　油毛竹｜*Phyllostachys edulis* 'Epruinosa'[27]

—*P. edulis* (Carr.) J. Houz. f. *epruinosa* G.H. Lai[25]. —*P. heterocycla* f. *epruinosa* G.H. Lai[38].

形态特征：新竿无毛、无白粉、油光，箨鞘红褐色；叶下表皮具乳突、微毛、刺毛、气孔等（图2-57、图2-58）。

地理分布：安徽省广德市卢村乡。

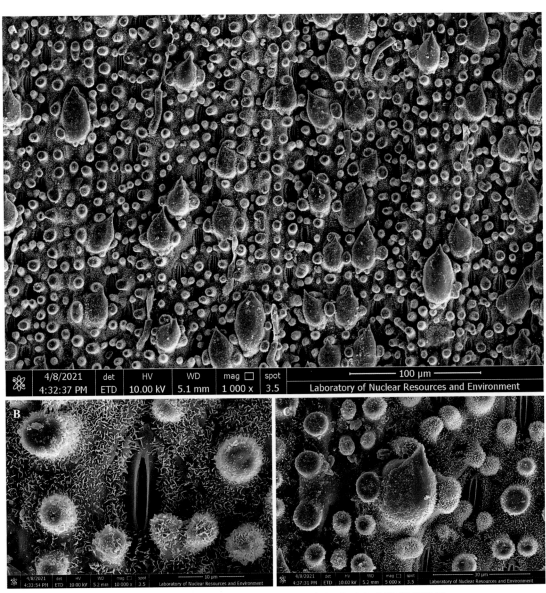

图2-57　油毛竹（*P. edulis* 'Epruinosa'）叶下表皮微形态特征
注：A为放大1000倍，B为放大10000倍，C为放大5000倍。

图2-58　油毛竹（*P. edulis* 'Epruinosa'）新竿（A）、节间（B）和竿基以及竿箨（C）→

2.2.29 球节绿纹毛竹 | *Phyllostachy edulis* 'Qiujie Luwenmaozhu' [18]

形态特征：竿黄色，具绿色纵条纹，有明显长节与短节，短节一侧相连，另一侧呈关节状半球形。

地理分布：四川省成都市望江楼公园。

2.2.30 孝丰紫筋毛竹 | *Phyllostachys edulis* 'Purpureosulcata' [27]

—*P. edulis* (Carr.) J. Houz. f. *purpureosulcata* P. X. Zhang, G. H. Lai et H. F. Zhang[25].

形态特征：新竿绿色，竹竿及小枝节间分枝一侧纵沟逐渐变为紫黑色，节间有紫色或淡黄色条纹。

地理分布：浙江省安吉县磻溪村。

2.2.31 圣音毛竹 | *Phyllostachys edulis* 'Tubaeformis' [27]

—*P. edulis* (Carr.) J. Houz. f. *tubaeformis* (S. Y. Wang) Ohrnberge[25]. —*P. heterocycla* f. *tubiformis* (S. Y. Wang) Ohrnb[59]. —*P. pubescens* Mazel ex J. Houz. f. *tubaeformis* S. Y. Wang[39]. —*P. heterocycla* (Carr.) Mitford f. *tubaeformis* (S. Y. Wang) T. P. Yi[45].

形态特征：竿基部向下呈喇叭状增粗，节间逐渐缩短。

地理分布：湖南省岳阳市君山区。

2.2.32 *Phyllostachys edulis* 'Aureovariegata' [26]

—*P. edulis* (Carr.) H. de Lehaie f. *aureovariegata*[40]. —*P. pubescens* Mazel ex H. de Lehaie f. *aureovariegata*[61].

形态特征：竿与枝绿色，叶片具黄色纵向条纹。

地理分布：日本。

2.2.33　*Phyllostachys edulis* 'Anderson' [59]

—*P. edulis* (Carr.) H. de Lehaie 'Anderson'[59].

形态特征：竿高22.5m，直径18cm*。

地理分布：美国。

2.2.34　*Phyllostachys edulis* 'Moonbeam' [26]

—*P. pubescens* Mazel ex H. de Lehaie 'Albovariegata'[65]

形态特征：叶绿色，有白色纵条纹。

地理分布：美国。

2.2.35　*Phyllostachys edulis* 'Okina'

—*P. heterocycla* (Carr.) Mitford f. pubescens (Mazel) Muroi 'Okina'[66].

形态特征：竿节间黄绿色；白色叶片有绿色条纹，绿色叶片上偶尔有白色条纹。

地理分布：日本兵库县。

2.3　毛竹变异类型检索表

毛竹变异类型检索表

1a. 竿或叶颜色不正常，常出现或宽或窄的黄色、白色、紫色或紫黑色纵条纹，少数具有紫色或紫褐色斑点或斑块 ··· 2
1b. 竿或叶颜色正常，幼竿常为绿色，老竿出现灰白色或黄色，无斑点或斑块 ································· 17
2a. 竿绿色；叶片具白色纵条纹或黄色纵条纹 ··· 3
2b. 竿具杂色，全黄或黄色、黄绿相间纵条纹，或紫色、黑色、棕黄色斑点或斑块；叶片多为绿色，少数具黄色纵条纹 ··· 5
3a. 叶片白色，具绿色纵条纹，绿色叶片上偶尔有白色条纹 ···································· 35. *P. edulis* 'Okina'
3b. 叶片绿色，具白色或黄色纵条纹 ··· 4
4a. 叶片具黄色纵条纹 ·· 31. *P. edulis* 'Aureovariegata'
4b. 叶片具白色纵条纹 ·· 33. *P. edulis* 'Moonbeam'
5a. 竿节间无黄色条纹，绿色为主，兼有紫色、紫黑色、棕黑色斑点或斑块 ······································ 6
5b. 竿节间出现或宽或窄黄色纵条纹，抑或节间为全黄色 ·· 8
6a. 竿节间具紫色斑点或斑块 ·· 5. 斑毛竹（*P. edulis* 'Porphyrosticta'）
6b. 竿节间沟槽为紫黑色，或淡褐色斑点并加深加密乃至变为紫色 ··· 7

---
*上述特征不足以将其与毛竹原种区分，尚未实地调查。

7a. 竿节间具淡褐色斑点，加深加密乃至紫色	3. 安吉紫毛竹（*P. edulis* 'Purpureoculmis'）
7b. 竿节间沟槽为紫黑色，具紫色或淡黄色纵条纹	30. 孝丰紫筋毛竹（*P. edulis* 'Purpureosulcata'）
8a. 竿基部节间不正常，常相互倾斜或一侧膨大似半球形	9
8b. 竿节间正常，上下间不相互倾斜	11
9a. 竿具长节与短节，短节一侧膨大呈关节状半球形	29. 球节绿纹毛竹（*P. edulis* 'Qiujie Luwenmaozhu'）
9b. 竿中以下节间极为缩短，一侧肿胀，相邻节交互倾斜，畸形节间似龟背	10
10a. 竿为黄色，沟槽为绿色	19. 绿槽龟甲竹（*P. edulis* 'Lücaoguijiazhu'）
10b. 竿节间主要为绿色，兼有宽窄不等的黄色纵条纹	12. 花龟竹（*P. edulis* 'Mira'）
11a. 竿以黄色为主，或分枝沟槽为绿色，或节间具绿色纵条纹	12
11b. 竿以绿色为主，或分枝沟槽为黄色，或节间具黄色纵条纹	15
12a. 全竿黄色或金黄色，几无绿色条纹	16. 黄皮毛竹（*P. edulis* 'Holochrysa'）
12b. 竿节间具有绿色纵条纹，分布于沟槽内或沟槽外	13
13a. 分支沟槽为绿色，沟槽外为黄色或金黄色，偶见绿色纵条纹	20. 绿槽毛竹（*P. edulis* 'Bicolor'）
13b. 分支沟槽为黄色，或兼有绿色纵条纹；沟槽外为黄色或黄绿相间	14
14a. 竿具黄绿相间的纵条纹，叶片有时也具黄色条纹	13. 花毛竹（*P. edulis* 'Tao Kiang'）
14b. 竿主要为黄色或黄绿色各半，有宽窄不等的绿色纵条纹；部分叶片具少数淡黄色细纵条纹	15. 黄皮花毛竹（*P. edulis* 'Huamozhu'）
15a. 分枝沟槽为黄色	14. 黄槽毛竹（*P. edulis* 'Luteosulcata'）
15b. 分枝沟槽为绿色，或间有黄色细条纹	16
16a. 竿高7~8m，竿壁较厚；竿箨泛红，棕红色	11. 花竿金丝毛竹（*P. edulis* 'Venusta'）
16b. 竿高可达10m，竿壁较薄；竿箨棕黄色	21. 绿皮花毛竹（*P. edulis* 'Oboro'）
17a. 竿下部枝条基部几节极度肿起，呈瘤状	18. 瘤枝毛竹（*P. edulis* 'Tumescens'）
17b. 竿枝节间正常，无肿起	18
18a. 新竿节间无白粉、无毛，有油光	28. 油毛竹（*P. edulis* 'Epruinosa'）
18b. 新竿节间有白粉，有毛，无油光	19
19a. 竿箨无箨耳，无鞘口继毛	22. 麻衣竹（*P. edulis* 'Exaurita'）
19b. 竿箨具箨耳，鞘口具继毛	20
20a. 竿箨黄色，有棕褐色斑点或斑块	2. 安吉锦毛竹（*P. edulis* 'Anjiensis'）
20b. 竿箨棕黄色，有黑褐色斑点或斑块	21
21a. 竿弯曲或通直；竿若通直，节间不正常，或相互倾斜，或极度缩短，或内陷呈元宝状，或膨大如佛肚	22
21b. 竿较通直；间正常，或具纵向钝棱，横切面圆形、方形、八字形、梅花形等	29
22a. 竿弯曲，呈"S"形	25. 青龙竹（*P. edulis* 'Curviculmis'）
22b. 竿通直，不呈"S"形	23
23a. 竿基部向下呈喇叭状增粗，节间缩短	31. 圣音毛竹（*P. edulis* 'Tubaeformis'）
23b. 竿基部不呈喇叭状增粗，节间不缩短；节间若缩短，不增粗	24
24a. 竿节间相互倾斜，呈"之"字形弯曲或畸形节间似龟背	25
24b. 竿节间不相互倾斜	27
25a. 竿基部节间交互倾斜，畸形似龟背	9. 龟甲竹（*P. edulis* 'Heterocycla'）
25b. 非上述情况，竿节间呈"之"字形弯曲	26
26a. 竿基部节间呈"之"字形弯曲	24. 强竹（*P. edulis* 'Obliquinoda'）
26b. 竿中部或枝下节间呈"之"字形弯曲	26. 曲竿毛竹（*P. edulis* 'Flexuosa'）
27a. 竿中部以下节间在中部膨大如佛肚状	8. 佛肚毛竹（*P. edulis* 'Ventricosa'）
27b. 非上述情况	28
28a. 竿扁圆，基部节间较短且局部凹陷，似元宝状垒叠	27. 元宝竹（*P. edulis* 'Yuanbao'）
28b. 竿中下部部分节间畸形短缩，凹陷，歪斜不平，上下节并不相连，略呈蝴蝶结形	6. 蝶毛竹（*P. edulis* 'Abbreviatu'）
29a. 竿节间具钝棱，横切面为方形、八字形、梅花形等	30
29b. 竿节间无钝棱，横切面为圆形	33
30a. 竿分枝侧及其对侧明显凹陷或扁平，面具有相通的"双腔"，横切面呈"8"字形	4. 八字竹（*P. edulis* 'Bicanna'）
30b. 非上述情况，竿常具钝棱	31

31a. 竹竿共5～7条钝棱；横切面略似梅花形 ············· 23. 梅花毛竹（*P. edulis* 'Obtusangula'）
31b. 竿具4条钝棱 ··· 32
32a. 竿横切面略呈四方形，壁厚，近实心 ················· 10. 厚竹（*P. edulis* 'Pachyloen'）
32b. 竿横切面呈钝四棱形，竿壁较薄 ············· 7. 方竿毛竹（*P. edulis* 'Quadrangulata'）
33a. 竿较为矮小，通常7～8m ······························· 17. 金丝毛竹（*P. edulis* 'Gracilis'）
33b. 竿高大，通常10m以上 ·· 34
34a. 竿高达20m，直径可达20cm；耐寒，耐受0℃，分布于东亚温带和亚热带地区 ···············
··· 1. 毛竹（*P. edulis*）
34b. 竿高达22.5m，直径可达18cm；耐霜，耐受21.1℃，分布于北美 ········ 32. *P. edulis* 'Anderson'

龟甲竹（*Phyllostachys edulis* 'Heterocycla'）
© W. G. Zhang

第3章
毛竹形态特征分析及祖先性状重建

Moso Bamboo

在漫长的自然演化和人工栽培过程中，毛竹产生了许多变异类型，其中很多都具有较高的观赏、笋用或材用价值。对这些变异类型数量和多样性丰富程度的认识是开展毛竹种质资源发掘、保护和合理利用的重要内容。

近年来，人们对毛竹变异类型的形态学特征开展了系列研究。荣佩瑞等通过对6个毛竹变种、变型材料的解剖研究，认为从竹材的内部解剖结构来鉴别同一竹种的变种、变型是可行的[67]。张守锋等比较了不同毛竹品种的关键形态性状，结果显示物种间的亲缘关系与地域之间并不存在显著相关性[68]。晏存育将6个毛竹变异类型的生物学和生理学特性与毛竹原变种比较并进行了较为细致的形态学描述[69]。夏湘婉等对23个毛竹变异类型的竿色和叶色等性状进行了研究，发现这些异色条纹或斑点的位置、数目均不确定，呈现随机性，尚未有较为合理的解释[70]。岳晋军在形态、解剖学特征等多个方面比较了圣音毛竹与毛竹的差异，讨论了圣音毛竹节间缩短的几个可能原因[71]。程平等记录了毛竹竿"S"形变异性状（青龙竹）的遗传稳定性情况[72]。当前对于毛竹变异类型形态多样性的研究，多局限于某一个或少数变异类型与毛竹原变种间的比较分析，对大多数毛竹变异类型之间的亲缘关系以及关键性状产生的机制仍缺少系统性研究。

迄今，毛竹变异类型的系统发育研究多集中于使用单一分子标记来进行一些遗传多样性的比较。郭小勤等利用ACGM分子标记对不同的毛竹品种进行了研究，发现绿槽毛竹和黄槽毛竹具有很高的遗传相似度，亲缘关系最为接近[73]；阮晓赛等利用AFLP和ISSR分子标记对毛竹的遗传多样性进行了探究，对这两种分子标记在研究毛竹遗传多样性上的可行性进行了验证[74]；师丽华等基于RAPD技术，区分了毛竹的7个变种类型及2个栽培类型，同时证明圣音毛竹和其他毛竹变异类型间的遗传距离最远[75]。但是由于这些研究的主要关注点是不同毛竹野生种群间的遗传多样性，对于毛竹变异类型的系统发育关系并没有进行深入的探讨，且研究的材料均只包括了部分毛竹变异类型；最重要的是，单一分子标记的分辨率在不同地理来源的毛竹变异类型间可能存在较大差异[76]，而且无法反映基因组水平的多样性，存在较大局限性。

本研究收集了我国26种毛竹变异类型材料以及27个来自具有代表性地区的毛竹野生居群材料，观察描述了各变异类型的形态特征并分析了各性状间的关系；通过开展全基因组重测序研究，利用核基因组SNP位点，探究了毛竹变异类型间的系统发育关系；通过祖先性状重建分析，推断了关键变异性状的演化历史。本研究不仅能够丰富竹类植物的遗传信息，而且对竹类植物进化历史、重要性状形成机制等研究均具有重要参考价值。

3.1 毛竹变异类型的形态特征分析

3.1.1 毛竹变异类型数量形态性状分析

对胸径、胸径节长、枝下节数等3个数量形态性状的分析发现，各变异类型之间性状差异明显，表型多样化显著。

与毛竹原变种相比，大多数变异类型胸径均变小，其平均值甚至不足毛竹二分之一，如花毛竹、麻衣竹等，而青龙竹胸径较大，平均值达13.97cm，是所有变异类型中最粗的，与最细的黄皮毛竹相差10.73cm，变异幅度较大。各变异类型间的变异系数变化较大，也能说明该性状较易发生变异，其中油毛竹变异系数最高，为29%。胸径在个体间变异幅度较小，表明该性状在各变异类型内部较为稳定。所有变异类型中，八字竹与毛竹在该性状上最为接近（图3-1）。

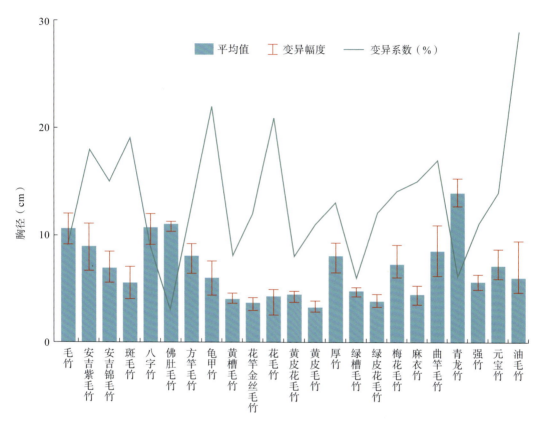

图3-1　毛竹变异类型胸径变异情况统计

胸径节长通常能够反映竹子生长快慢。除龟甲竹和元宝竹两个具有特殊节部的变异类型外，其他各变异类型胸径节长的差异并不大，其中胸径节最长的为青龙竹（27.54cm），最短的为绿皮花毛竹（15.61cm）。部分变异类型内部在该性状的变异幅度较大，如斑毛竹（11.59cm）、厚竹（9.36cm），这可能是因其所在生长环境的差异或取样规模不足所致。各变异类型的变异系数高低不一，但均处于20%以下。龟甲竹和元宝竹异常节间节长远小于其他变异类型，分别为9.35cm和8.47cm，且十分稳定（图3-2）。

竿分枝以下节数作为衡量竹材优劣的主要指标之一，较为直观地反映变异类型的变异趋向。从图3-3可以看出，相较毛竹原变种的26节，多数变异类型的枝下节数均出现减少现象，有近20个变异类型节数在20节以下，其中节数最少的花竿金丝毛竹平均节数仅11.2节，与平均节数最多的青龙竹（31.6节）相差20.4节。从枝下节数的变异情况来看，八字竹、厚竹与毛竹较为接近，而其他除青龙竹节数多达30节以上外，均存在不同

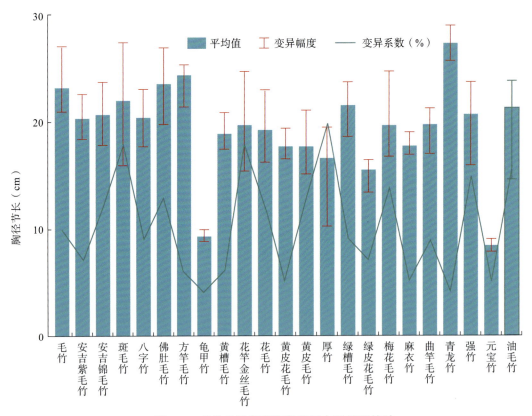

图 3-2　毛竹变异类型胸径节长变异情况统计

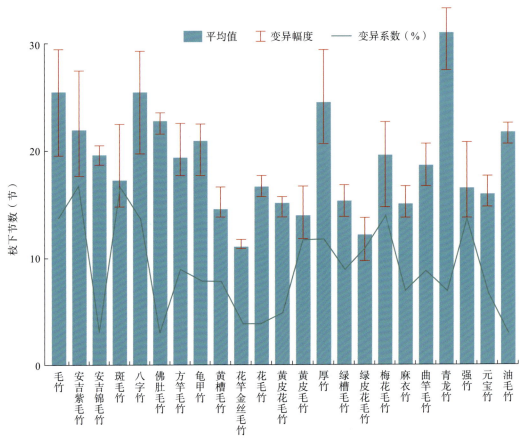

图 3-3　毛竹变异类型枝下节数变异情况统计

程度的减少，但该性状在变异类型内相对较为稳定。

综合来看，相较毛竹原变种，八字竹和厚竹各性状指标与之较为接近，青龙竹则均有较大幅度增加。本研究所涉及的多数变异类型整体趋于矮小化，这可能与这些变异类型的变异多数发生在竿部有关，但从观赏角度来说，这个趋势是相对有利的。此外，各性状在变异类型内部变异幅度不大，表明了同一变异类型个体间性状具有稳定性。

基于Pearson法对上述3个数量形态性状进行相关性分析发现，胸径和枝下节数呈显著相关（相关性系数为0.91，图3-4）。

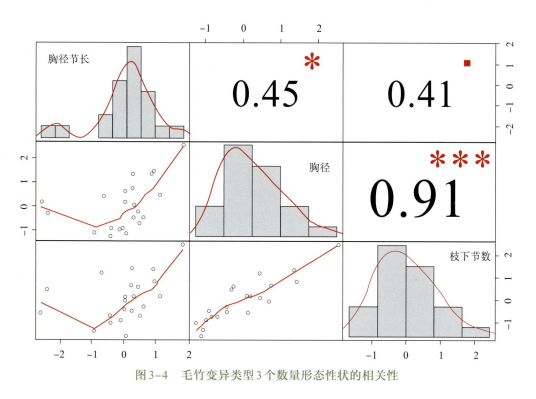

图3-4　毛竹变异类型3个数量形态性状的相关性

3.1.2　毛竹变异类型质量形态性状分析

对毛竹变异类型及其原变种的9个代表性的质量形态性状（竿色、竿面形态、竿横切面形态、竿纵切面形态、叶色、竿箨形态、沟槽形态、节部形态和株形）进行了观察比较，并将各变异类型进行性状赋值后生成质量形态性状矩阵。9个性状的相关性分析结果显示，整体来看，仅竿色和叶色、竿面形态和竿横切面形态、竿面形态和竿纵切面形态以及竿横切面形态和竿纵切面形态4对性状呈较高的正相关关系，而其余性状两两之间均呈现出负相关关系或不明显的正相关关系（图3-5）。由图3-5可以看出，上述较为明显的4对性状正相关关系的相关系数均达到0.5以上，尤其是竿面形态与竿纵切面形态的相关性系数高达0.94。

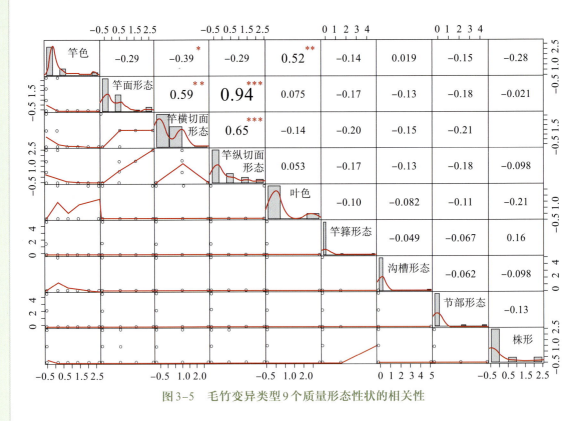

图 3-5　毛竹变异类型 9 个质量形态性状的相关性

对上述 9 个质量形态性状进行主成分分析并绘制碎石图，结果表明，前 4 个主成分特征值均大于 1，依次为 2.762、1.753、1.189、1.048，其贡献率均大于 10%，分别为 30.7%、19.5%、13.2% 和 11.6%，累计贡献率为 75.0%，解释了 9 个性状的大部分信息。在第一主成分中，占较大比重的为竿表面形态、竿横切面形态和竿纵切面形态，分别占比 29.74%、25.10%、30.85%，其余性状多为负值，可见第一主成分主要为竿形变异。第二主成分主要为竿色、叶色性状变异，占比为 29.84% 和 34.86%。第三主成分主要包括节部形态、株形和竿箨形态，其中占比 44.57% 的节部形态为负相关（图 3-6）。

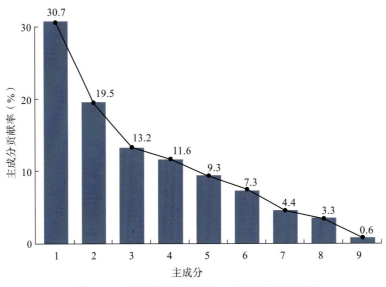

图 3-6　毛竹质量形态性状主成分及其贡献度

对9个性状在前两个主成分的贡献情况进行分析发现，各变异类型在第一、第二主成分中大致以竿物理形态变异和颜色变异分为两组，其他非竿形和颜色变异的性状分为一组，花龟竹因在竿形与颜色方面均存在较大变异，故与第一、第二主成分均具有较高的正相关关系（图3-7）。利用主成分分析对变异类型的变异性状进行降维处理可以发现，各性状的变异程度从大到小依次为竿纵切面形态、竿面形态、竿横切面形态、叶色、竿色、节部形态、株形、竿箨形态、沟槽形态，其中竿部形态和颜色为主要变异。

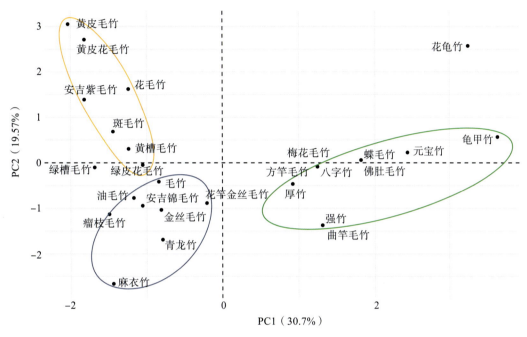

图3-7　毛竹质量形态性状主成分分析

利用前4个主成分数据对9个性状进行聚类分析，结果显示，9个变异性状主要分为两类，一个是以颜色变异为主的G1分支，另一个是以竿物理形态变异为主的G2分支，这与主成分分析结果吻合（图3-8）。聚类分析结果发现，多数竿部形态发生变异的类型聚为一支，其余如龟甲竹和元宝竹等伴随节部变异的聚为一支，多数竿色变异的类型聚为一支，伴随有叶色变异的聚为一支（图3-9）。

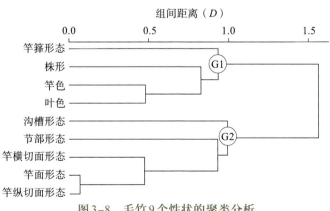

图3-8　毛竹9个性状的聚类分析

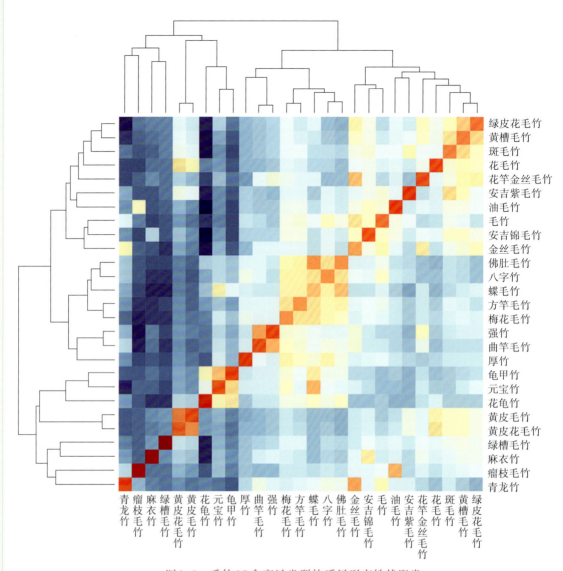

图3-9 毛竹27个变异类型的质量形态性状聚类

3.2 毛竹变异类型的系统发育关系

为探究毛竹变异类型之间的系统发育关系，本研究首先对收集的毛竹变异类型及野生居群样品进行基因组重测序。本研究包括了26种毛竹变异类型的29个个体、27个野生毛竹居群和4个外类群，约1500G原始数据（表3-1）：每个样本数据大小达到20G以上，保证每个样品的测序深度达到10x以上，其中各个样品的reads数在66490301~163901133条之间（19947090300~49170339892bp）。利用fastp对原始数据进行过滤去除低质量数据及接头，得到高质量的滤后数据，其数量为66105593~163211057条（19831677900~48963317100bp），数据有效利用率均达99.28%以上，Q20、Q30的范围分别为96.30%~98.21%和90.44%~94.65%。

将全部样品的重测序滤后数据比对至毛竹参考基因组，比对上的数据数目范围为132913459~336279384条，比对率为92.28%~99.84%。利用GATK对比对结果进行

SNP calling，得到含有30042853个SNP位点的vcf文件，平均约每63bp存在一个变异。经最小等位基因频率（minor allele frequency，MAF）、缺失率（missing rate）和连锁不平衡等不同标准的过滤，最终得到含有5161079个高质量SNP位点的vcf文件。

基于重测序SNP位点数据重建毛竹系统发育树，结果显示，所有毛竹样品，包括变异类型，聚为一支，为单系，且能够以较高的支持率将各变异类型分开（图3-10，节点处数值为该节点支持率）。毛竹变异类型中，除金丝毛竹外，其他所有变异类型均聚在一支（Clade A）。其中，产于江西奉新的变异类型——青龙竹，与采自江西奉新的野生毛竹以较高的支持率（97%）聚在一起，表明其起源于当地毛竹的变异；在厚竹栽培群体中发现的新变异类型——八字竹，其3个样本均与该厚竹栽培群体林的厚竹样本以较高支持率（97%）聚为一支，上述结果进一步证实该系统发育树的可靠性，也揭示了系统发育关系与地理分布之间的联系。

系统树将所有毛竹分为A、B两个支系，A支系包括28个变异类型和21个野生毛竹居群；B支系包括金丝毛竹以及来自四川、广西、安徽等地的6个野生毛竹居群。由支长可以看出，6个野生毛竹的分化程度较高，对比除金丝毛竹外其他聚于A支系的诸多变异类型后发现，毛竹种内基因组的变异程度与外部形态的变异水平并非呈正相关。

另外，4个形态变异十分接近的变异类型为黄皮毛竹、黄皮花毛竹、绿皮花毛竹和花毛竹，它们的系统发育关系也最近。

表3-1 毛竹变异类型全基因组重测序数据信息统计

编号	样本	原始数据（bp）	滤后数据（bp）	GC含量（%）	有效率（%）	Q20（%）	Q30（%）
1	蝶毛竹 P. edulis 'Abbreviatu'	24715329300	24538228800	44	99.28	97.25	92.63
2	安吉锦毛竹 P. edulis 'Anjiensis'	20922193200	20809185300	44	99.46	96.86	91.33
3	八字竹1 P. edulis 'Bicanna' 01	20588265300	20468419200	44	99.42	97.82	93.63
4	八字竹2 P. edulis 'Bicanna' 02	22510791000	22435758000	44	99.67	96.57	90.69
5	八字竹3 P. edulis 'Bicanna' 03	22214344500	22141127700	44	99.67	96.67	90.95
6	绿槽毛竹 P. edulis 'Bicolor'	21752380800	21631590300	44	99.44	97.80	93.67
7	青龙竹 P. edulis 'Curviculmis'	20712075900	20595609300	44	99.44	98.11	94.39
8	油毛竹 P. edulis 'Epruinosa'	20627791500	20519462400	44	99.47	98.01	94.15
9	麻衣竹 P. edulis 'Exaurita'	21660391500	21545495700	44	99.47	97.89	93.85
10	曲竿毛竹 P. edulis 'Flexuosa'	22166482200	22032147600	44	99.39	97.78	93.62
11	金丝毛竹 P. edulis 'Gracilis'	20109372300	19996848600	44	99.44	98.13	94.46
12	黄皮毛竹 P. edulis 'Holochrysa'	24182099100	24052402200	44	99.46	98.02	94.21
13	黄皮花毛竹 P. edulis 'Huamozhu'	20617522500	20502106800	44	99.44	97.92	93.96
14	龟甲竹 P. edulis 'Heterocycla'	20654824200	20537432100	44	99.43	97.90	93.92
15	黄槽毛竹 P. edulis 'Luteosulcata'	21045573600	20924204700	44	99.42	97.83	93.78
16	花龟竹 P. edulis 'Mira'	20808743700	20686106100	44	99.41	97.93	93.97
17	瘤枝毛竹1 P. edulis 'Tumescens' 01	22263697200	22116309600	45	99.34	97.00	91.99
18	瘤枝毛竹2 P. edulis 'Tumescens' 02	22836568800	22759756200	44	99.66	96.82	91.34
19	绿皮花毛竹 P. edulis 'Oboro'	22683012300	22557507900	44	99.45	98.01	94.19
20	强竹 P. edulis 'Obliguinoda'	22257452700	22133593800	44	99.44	98.02	94.22

（续）

编号	样本	原始数据（bp）	滤后数据（bp）	GC含量（%）	有效率（%）	Q20（%）	Q30（%）
21	梅花毛竹 P. edulis 'Obtusangula'	20581712700	20469624000	44	99.46	97.94	94.01
22	厚竹 P. edulis 'Pachyloen'	20629044900	20510495400	44	99.43	97.85	93.82
23	斑毛竹 P. edulis 'Porphyrosticta'	20333125200	20221646700	44	99.45	98.21	94.65
24	安吉紫毛竹 P. edulis 'Purpureoculmis'	21805851300	21678689400	44	99.42	97.86	93.84
25	方竿毛竹 P. edulis 'Quadrangulata'	20960367300	20839785000	44	99.42	97.89	93.88
26	花毛竹 P. edulis 'Tao Kiang'	20634284400	20504781600	44	99.37	97.77	93.65
27	元宝竹 P. edulis 'Yuanbao'	21472844400	21356265300	44	99.46	97.76	93.51
28	花竿金丝毛竹 P. edulis 'Venusta'	20678664300	20557379400	44	99.41	97.92	93.96
29	佛肚毛竹 P. edulis 'Ventricosa'	20739879600	20620627200	44	99.43	97.76	93.61
30	毛竹–滁州 P. edulis-AHCZ	25058085600	24903665700	45	99.38	97.15	92.44
31	毛竹–广德 P. edulis-AHGD	22420785600	22345000200	44	99.66	96.65	91.01
32	毛竹–太平 P. edulis-AHTP	19947090300	19831677900	44	99.42	96.97	92.01
33	毛竹–秀山 P. edulis-CQXS	21421297200	21291783900	44	99.4	96.93	91.94
34	毛竹–黄冈 P. edulis-FJHG	26710900800	26558093100	45	99.43	97.21	92.4
35	毛竹–始兴 P. edulis-GDSX	27490695900	27337857600	44	99.44	97.19	92.41
36	毛竹–灵川 P. edulis-GXLC	24652722900	24482515200	45	99.31	96.30	90.44
37	毛竹–荔浦 P. edulis-GXLP	28620534900	28445937600	45	99.39	97.25	92.48
38	毛竹–赤水 P. edulis-GZCS	22953224700	22817553000	44	99.41	96.93	91.94
39	毛竹–黎平 P. edulis-GZLP	22832638200	22682898300	44	99.34	96.95	91.69
40	毛竹–信阳 P. edulis-HNXY	25979517600	25833993600	45	99.44	97.42	92.97
41	毛竹–东安 P. edulis-HNDA	28600897800	28449471600	45	99.47	97.49	93.00
42	毛竹–双牌 P. edulis-HNSP	20584329300	20463759900	45	99.41	96.86	91.78
43	毛竹–株洲 P. edulis-HNZZ	21514463700	21379278900	44	99.37	96.86	91.79
44	毛竹–常州 P. edulis-JSCZ	21099805500	20970919200	44	99.39	96.52	90.76
45	毛竹–奉新 P. edulis-JXFX	24848112000	24706806900	44	99.43	97.54	92.95
46	毛竹–靖安 P. edulis-JXJA	21238666800	21122676300	44	99.45	96.90	91.84
47	毛竹–遂川 P. edulis-JXSC	21511131300	21391193100	44	99.44	96.86	91.73
48	毛竹–婺源 P. edulis-JXWY	24095376000	23966398200	44	99.46	97.36	92.86
49	毛竹–万载 P. edulis-JXWZ	22849803600	22726257000	44	99.46	96.86	91.49
50	毛竹–峨眉山 P. edulis-SCEMS	24831269700	24683595900	44	99.41	97.12	92.29
51	毛竹–宜宾 P. edulis-SCYB	21357230700	21229806000	44	99.40	96.93	91.92
52	毛竹–日照 P. edulis-SDRZ	20845104000	20733373200	44	99.46	96.97	91.98
53	毛竹–会同 P. edulis-SXHT	25469375100	25330659300	44	99.46	97.22	92.58
54	毛竹–临安 P. edulis-ZJLA	21241965300	21128541000	45	99.47	97.33	92.81
55	毛竹–龙泉 P. edulis-ZJLQ	22316812200	22186800900	45	99.42	97.03	92.13
56	毛竹–平阳 P. edulis-ZJPY	25398906300	25256270700	44	99.44	97.25	92.33
57	桂竹 P. bambusoides	49170339892	48963317100	44	99.58	97.73	93.41
58	紫竹 P. nigra	20406933000	20286105000	44	99.41	96.83	91.40
59	假毛竹 P. kwangsiensis	20225129100	20116602600	44	99.46	96.88	91.44
60	刚竹 P. sulphurea	21384557700	21308912400	44	99.65	96.85	91.30

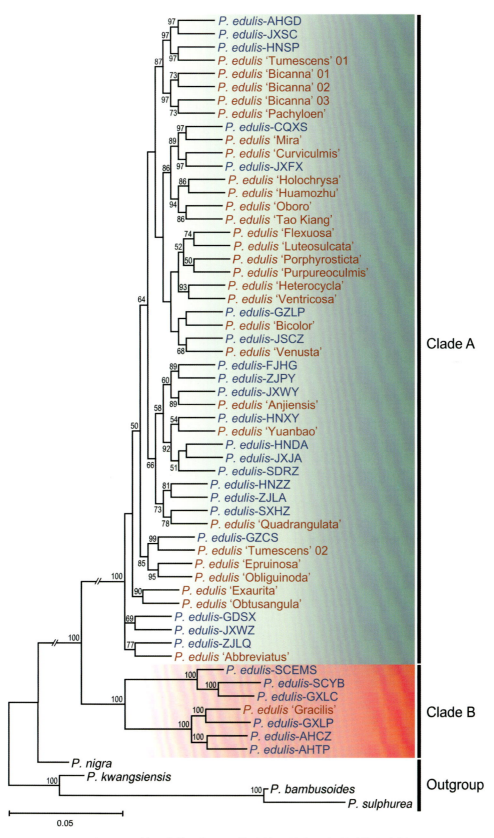

图3-10 基于全基因组SNP的毛竹及其变异类型系统发育树

注：英文学名为黄色字表示毛竹变异类型，蓝色字表示毛竹野生群体，黑色字表示外类群；下同。

3.3 毛竹变异类型祖先性状重建

为了探究毛竹及其各变异类型关键形态性状的演化历史，基于全基因组SNP的系统发育树的拓扑结构，选取竿色、竿形和叶色等3个性状进行了祖先性状重建。

竿色的祖先性状重建结果表明，毛竹及其变异类型的最近共同祖先中竿色为绿色，黄皮花毛竹、绿皮花毛竹、花毛竹的竿色在进化过程中转变为黄绿相间，黄皮毛竹和绿槽毛竹的竿色转变为黄色，安吉紫毛竹和斑毛竹的竿色演化为紫斑类型（图3-11）。竿形的祖先性状为直立，曲竿毛竹、强竹和青龙竹的竿形在进化过程中演化为弯曲型，八字竹、元宝竹、蝶毛竹、龟甲竹和佛肚毛竹竿形演变为节间畸形类型，八字竹与厚竹的共同祖先竿部畸形的概率为50%，但也是由直立型演化而来，龟甲竹和佛肚毛竹可能有竿部畸形的共同祖先，其余变异类型均是从正常竿形独立演化出来，不是共祖的性状，这可能是趋同演化的结果（图3-12）。此外，对于在不同变异类型上出现的一些相似的表型，传统观点一般认为它们是由共同的祖先演化出来的共祖性状，但本研究结果表明，这些变异很可能是在进化过程中独立演化出来的。例如，龟甲竹和花龟竹都发生竿形畸变，但它们的亲缘关系相对较远，各自的畸化竿形变异很可能是独立从不同毛竹野生群体中演化出来的。毛竹及其变异类型的最近共同祖先中叶色为绿色，花毛竹和黄皮花毛竹的叶色在进化过程中转变为绿色兼具黄纹，黄皮毛竹的叶色转变为绿色兼具白纹（图3-13）。

竿形、竿色和叶色的性状演化与系统发育关系没有一致的趋势，形态聚类分析将其分成颜色和物理外形两个独立分支，在此验证。花毛竹和黄皮花毛竹在祖先性状重建中表现了相对一致的进化式样，主要变异发生在竿色和叶色中，与形态学分析结果一致，表明竿色和叶色在调控机制上存在相关性。

总之，本研究对26种毛竹变异类型的3个数量形态性状和9个质量形态性状进行了统计分析，发现数量形态性状中枝下节数和胸径呈显著相关性，质量形态性状中竿面形态和竿纵切面形态相关性最高；主成分分析显示竿面形态等竿部形态变异和竿色等颜色变异为主要变异；聚类分析结果将变异性状分为以颜色变异为主和以竿部形态变异为主的两大类。上述结果表明毛竹形态变异具有高度多样化，主要形态变异存在一定规律。

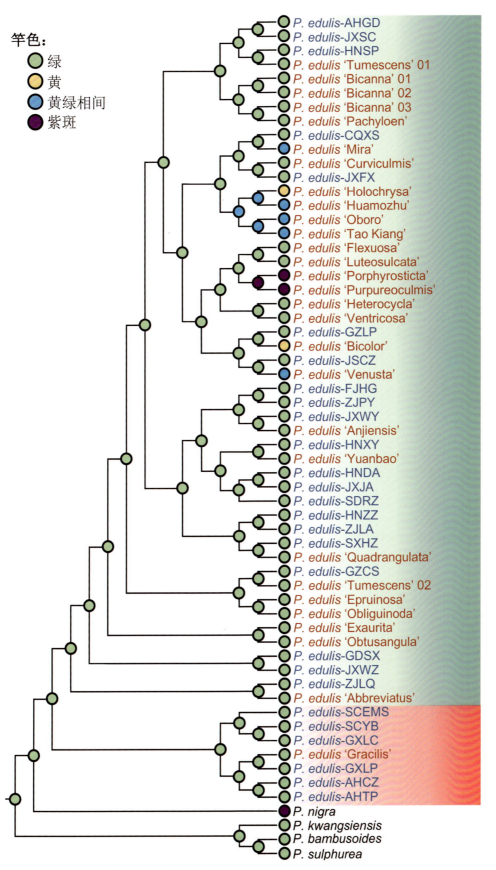

图3-11 毛竹及其变异类型竿色的祖先性状重建

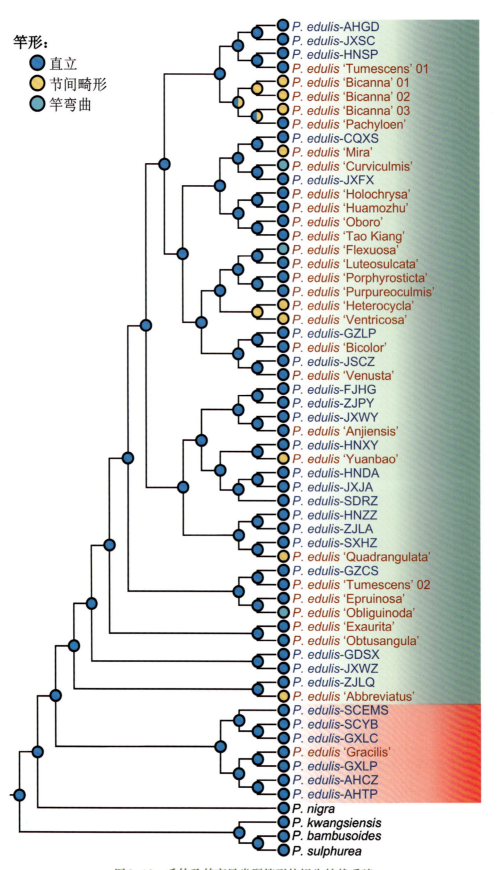

图3-12 毛竹及其变异类型竿形的祖先性状重建

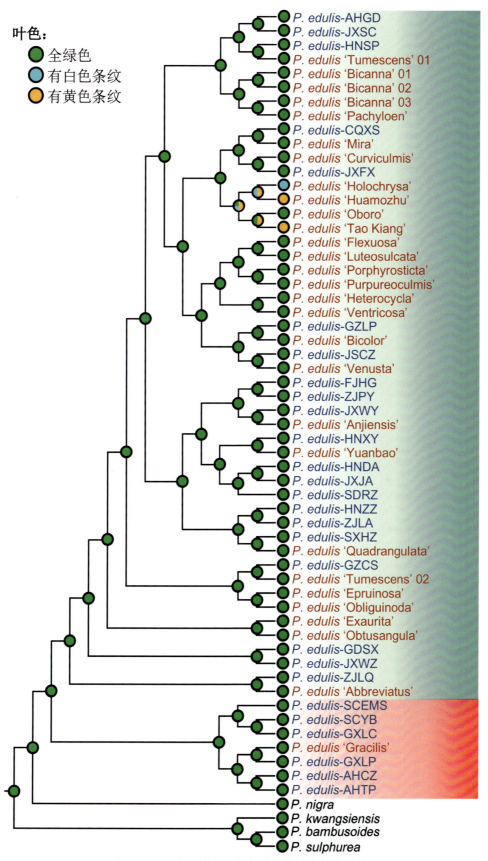

图 3-13 毛竹及其变异类型叶色的祖先性状重建

本研究利用重测序数据挖掘出了约516万个高质量SNP位点，基于这些SNP位点构建的系统发育树支持毛竹野生群体及其变异类型为单系的结论，且以较高的支持率解决了叶绿体基因组系统树中毛竹内部分辨率不足的问题，将毛竹分为2个支系，厘清了毛竹变异类型间的亲缘关系，支持这些变异类型是从毛竹中变异而来的观点。其中，金丝毛竹与其他变异类型分聚异支，亲缘关系最远；八字竹与其发现地的厚竹、青龙竹与其发现地的毛竹均以高支持率聚在一起，揭示了它们的遗传变异与地理分布的联系。最后，祖先性状重建的结果显示，竿色为绿、竿形直立圆柱状、竿横切面圆环状、竿纵切面矩形、叶色绿色为毛竹变异群体的祖先性状。

参考文献

[1] 李玉敏，冯鹏飞. 基于第九次全国森林资源清查的中国竹资源分析[J]. 世界竹藤通讯，2019，17(6): 45–48.

[2] 耿伯介，王正平. 中国植物志（第九卷第一分册）[M]. 北京：科学出版社，1996.

[3] 丁雨龙. 刚竹属(*Phyllostachys*)系统分类的研究[D]. 南京：南京林业大学，1998.

[4] LI D Z, WANG Z P, ZHU Z D, et al. Tribe Bambuseae (Poaceae): WU Z Y, RAVEN P H, HONG D Y (Ed.) Flora of China, vol. 22 [M]. Beijing: Science Press & St. Louis: Missouri Botanical Garden Press, 2016.

[5] 陈禹锦，罗喻才，于芬，等. 气候变化情景下毛竹潜在分布及动态预测[J]. 世界竹藤通讯，2021，19(3): 5–14.

[6] 南京林产工业学院林学系竹类研究室. 竹林培育[M]. 北京：农业出版社，1974.

[7] 林名康. 毛竹栽培[M]. 南昌：江西人民出版社，1976.

[8] 陈嵘. 竹的种类及栽培利用[M]. 北京：中国林业出版社，1984.

[9] 吕福原，欧辰雄，陈运造，等. 台湾树木志(第三卷). 台中：方圆商业摄影印刷有限公司，2010.

[10] ANNE. Chronique Horticole [M]. Paris: Librairie agricole de la maison rustique，1866.

[11] 广西柳州地区贝江口林业试验站. 毛竹种子育苗和造林[M]. 南宁：广西人民出版社，1972.

[12] JIN G H, MA P F, WU X P, et al., New genes interacted with recent whole-genome duplicates in the fast stem growth of bamboos [J]. Molecular Biology and Evolution, 2021, 38(12): 5752–5768.

[13] 江西省兴国县均福山林场. 毛竹开花结实的初步研究[J]. 竹类研究，1977，8: 62–65.

[14] WATANABE M, UEDA K, MANABE I, et al. Flowering, seeding, germination, and flowering periodicity of *Phyllostachys pubescens* [J]. Nihon Ringakkai Shi/Journal of the Japanese Forestry Society, 1982, 64(3): 107–111.

[15] 乔士义，廖光庐. 毛竹开花生物学特性的观察[J]. 竹类研究，1984，2: 20–21.

[16] ZHANG R Y, COOPER S G, HANSKEN J, et al. Research on the flowering and propagation of *Phyllostachys pubescens* in America [J]. Journal of Bamboo Research, 1986, 5(2): 44–52.

[17] 陈红. 毛竹根系生物学研究[D]. 北京：中国林业科学研究院，2013.

[18] 史军义，王道云，周德群，等. 观赏竹新品种"球节绿纹毛竹"[J]. 世界竹藤通讯，2021，19(6): 70–71.

[19] 乔士义，廖光庐. 毛竹开花生物学特性的观察[J]. 竹类研究，1984，2: 20–21.

[20] 孙立方，郭起荣，王青，等. 毛竹花器官的形态与结构[J]. 林业科学，2012，48(11): 124–129.

[21] 郭起荣，周建梅，孙立方，等. 毛竹的花序发育研究[J]. 植物科学学报，2015，33(1): 19–24.

[22] 葛婷婷. 竹类植物花形态多样性研究[D]. 南昌：江西农业大学，2022.

[23] 何明，廖国强. 中国竹文化[M]. 北京：人民出版社，2007.

[24] 易同培，史军义，马丽莎，等. 中国竹类图志[M]. 北京：科学出版社，2008.

[25] 马乃训，赖广辉，张培新，等. 中国刚竹属[M]. 杭州：浙江科学技术出版社，2014.

[26] LAI G H, MU S H, GAO J. Intraspecific variation of Moso bamboo [C] //GAO J. The Moso bamboo genome. New York: Elsevier, 2021: 13–37.

[27] 史军义，吴良如. 中国竹类栽培品种名录[J]. 竹子学报，2020，39(3): 1–11.

[28] 陈天国. 毛竹珍稀新栽培变种——绿槽龟甲竹[J]. 世界竹藤通讯，2014.

[29] 杨保名. 湖南竹类[M]. 长沙：湖南科技出版社，1993.

[30] 岳晋军，马婧瑕，袁金玲. 刚竹属栽培品种'元宝竹'[J]. 竹子学报，2022，41(1): 1–4.

[31] 朱石麟. 中国竹类植物图志[M]. 北京：中国林业出版社，1994.

[32] 赖广辉. 竹亚科刚竹属植物新资料[J]. 亚热带植物科学，2013，42(1): 59.

[33] 张培新. 浙江安吉毛竹新变型[J]. 世界竹藤通讯，2008，2: 27.

[34] 张培新，赖广辉，张汉夫. 浙江安吉毛竹二新变型[J]. 世界竹藤通讯，2012，10(3): 32–33.

[35] 张文根，李雪梅，国春策，等. 毛竹一新栽培品种——八字竹[J]. 竹子学报，2020，39(1): 65–67.

[36] 华锡奇，周文伟，赖广辉. 毛竹一新变型——斑毛竹[J]. 浙江林业科技，2012，32(5): 73–74.

[37] 江泽慧，岳祥华，费本华，等. 中国竹类植物图鉴[M]. 北京：科学出版社，2020.

[38] 赖广辉，洪岩. 安徽竹亚科资料[J]. 竹子研究汇刊，1995，2: 8.

[39] 王诗云. 毛竹的三个新变型[J]. 广西植物，1984，4: 319–320.

[40] OHRNBERGER D. Newsletter der Europ ischen Bambusgesellschaft[J]. Dieter Bambus Brief，1990，2:18.

[41] 李书春，陈绍球，黄成林，等. 安徽竹类植物地理新分布及–栽培变型[J]. 竹子研究汇刊，1990，1: 37.

[42] 徐佳蕾. 竹子与风景园林——基于美学、社会学、生态学三种价值之上的竹子与园林[D]. 南京林业大学，2003.

[43] 史军义，易同培，马丽莎，等. 我国的异型竹资源及其保护利用[J]. 四川林业科技，2006，27(1): 70.

[44] 肖智勇，黄紧生，刘诚. 宜春竹类资源调查及其区系研究[J]. 江西林业科技，2014，42(3): 29–35.

[45] 易同培，史军义，王海涛，等. 竹类一新种及一些新组合和新分布[J]. 四川林业科技，2007，3: 18.

[46] 高丽琴，崔龄，李雪梅，等. 毛竹栽培品种"方竿毛竹"学名刍议[J]. 竹子学报，2020，39(1): 61–64.

[47] 王正平，叶光汉，马乃训. 国产竹亚科的若干新分类群[J]. 南京大学学报(自然科学版)，1983，3: 493.

[48] 杨光耀，黎祖尧，杜天真 等. 毛竹新栽培变种——厚皮毛竹[J]. 江西农业大学学报，1997，4: 99–100.

[49] 易同培，李本祥，杨林，等. 竹类一新变型及一些新组合[J]. 四川林业科技，2015，36(2): 24–26.

[50] 张培新，华锡奇，赖广辉. 毛竹的一个珍稀新变异——花龟竹[J]. 竹子研究汇刊，2013，32(2): 4–5.

[51] 易同培. 镰序竹属新分类群和其他新组合[J]. 竹子研究汇刊，1993，4: 46–47.

[52] 南京林产工业学院森林植物组. 江苏省刚竹属竹种的初步研究[J]. 林业科技资料，1975，2: 12.

[53] 温太辉. 浙江刚竹属新分类群[J]. 植物研究，1982，1: 76.

[54] 温太辉. 我国竹类新分类群(之二)[J]. 竹子研究汇刊，1985，2: 17.

[55] 温太辉. 关于几个竹亚科分类群的分类问题[J]. 竹子研究汇刊，1991，1: 23.

[56] CHAO C S, RENVOIZE S A. Notes on some species of (Gramineae: Bambusoideae) [J]. Kew Bulletin, 1988, 43(3): 420.

[57] 易同培，杨林. 毛竹一新变型[J]. 竹子研究汇刊，2002，1: 9.

[58] 郑万钧. 中国树木志[M]. 北京：中国林业出版社，2004.

[59] OHRNBERGER D. The bamboos of the world: annotated nomenclature and literature of the species and the higher and lower taxa[M]. New York: Elsevier Science BV, 1999.

[60] MUROI H. Forma and cultivariety in Bambusaceae[J].Himeji Gakuin Women's Coll, 1989, 17: 2.

[61] SUGIMOTO J. New Keys to Japanese Trees [M]. Osaka: Rokugatsusha, 1961: 465.

[62] 陈天国. 毛竹一珍稀新变型——麻衣竹[J]. 世界竹藤通讯，2013，11(6): 25–2.

[63] 史军义. 中国观赏竹[M] 北京：科学出版社，2011.

[64] 王海霞，程平，曾庆南，等. 毛竹新变型——青龙竹[J]. 竹子学报，2018，37(1): 73–74.

[65] HAUBRICH R. Variegated bamboos[J]. American Bamboo Society, 1983, 4(3): 2.

[66] OKAMURA H., Tanaka Y. The horticultural bamboo species in Japan: the characteristic and utilization of ornamental bamboo species with illustration[M]. Yokohama: Okamura, 1986: 15–21.

[67] 荣佩瑞. 毛竹及其几个变种变型的竹材解剖形态的比较观察[J]. 竹子研究汇刊, 1985(2): 89-97.

[68] 张守锋, 马秋香, 丁雨龙. 毛竹形态学性状遗传多样性研究[J]. 竹子研究汇刊, 2007(3): 16-21.

[69] 晏存育. 毛竹不同变异类型的生物学与生理学特性研究[D]. 长沙: 中南林业科技大学, 2011.

[70] 夏湘婉, 黄云峰, 周明兵. 毛竹生物资源多样性[J]. 竹子研究汇刊, 2014, 33(4): 6-15.

[71] 岳晋军. 圣音竹秆型变化的调控研究[D]. 北京: 中国林业科学研究院, 2017.

[72] 程平, 刘金喜, 曾庆南. 毛竹秆S形变异性状遗传稳定性初步研究[J]. 南方林业科学, 2018, 46(3): 5-7.

[73] 郭小勤, 李犇, 阮晓赛, 等. 利用ACGM分子标记研究10个毛竹不同栽培变种的遗传多样性[J]. 林业科学, 2009, 45(4): 28-32.

[74] 阮晓赛, 林新春, 娄永峰, 等. 毛竹种源遗传多样性的AFLP和ISSR分析[J]. 浙江林业科技, 2008(2): 29-33.

[75] 师丽华, 杨光耀, 林新春, 等. 毛竹种下等级的RAPD研究[J]. 南京林业大学学报(自然科学版), 2002(3): 65-68.

[76] DYALL S D, BROWN M T, JOHNSON P J. Ancient invasions: from endosymbionts to organelles [J]. Science, 2004, 304(5668): 253-257.

中文名索引

A
安吉锦毛竹 ················· 028
安吉紫毛竹 ················· 030

B
八字竹 ····················· 032
斑毛竹 ····················· 034

D
蝶毛竹 ····················· 036

F
方竿毛竹 ··················· 038
佛肚毛竹 ··················· 040

G
龟甲竹 ····················· 042

H
厚竹 ······················· 044
花竿金丝毛竹 ··············· 046
花龟竹 ····················· 048
花毛竹 ····················· 050
黄槽毛竹 ··················· 052
黄皮花毛竹 ················· 054
黄皮毛竹 ··················· 056

J
金丝毛竹 ··················· 058

L
瘤枝毛竹 ··················· 060
绿槽龟甲竹 ················· 062
绿槽毛竹 ··················· 064
绿皮花毛竹 ················· 066

M
麻衣竹 ····················· 068
毛竹 ······················· 026
梅花毛竹 ··················· 070

Q
强竹 ······················· 072
青龙竹 ····················· 074
球节绿纹毛竹 ··············· 082
曲竿毛竹 ··················· 076

S
圣音毛竹 ··················· 082

X
孝丰紫筋毛竹 ··············· 082

Y
油毛竹 ····················· 080
元宝竹 ····················· 078

学名索引

P

Phyllostachys edulis ·································026

Phyllostachy edulis 'Flexuosa' ·············076

Phyllostachy edulis 'Qiujie Luwenmaozhu' ·····082

*Phyllostachys eduli*s 'Abbreviatu' ··········036

Phyllostachys edulis 'Anderson' ············083

Phyllostachys edulis 'Anjiensis' ············028

Phyllostachys edulis 'Aureovariegata' ···········082

Phyllostachys edulis 'Bicanna' ···············032

Phyllostachys edulis 'Bicolor' ················064

Phyllostachys edulis 'Curviculmis' ·········074

Phyllostachys edulis 'Epruinosa' ············080

Phyllostachys edulis 'Exaurita' ···············068

Phyllostachys edulis 'Gracilis' ················058

Phyllostachys edulis 'Heterocycla' ·········042

Phyllostachys edulis 'Holochrysa' ··········056

Phyllostachys edulis 'Huamozhu' ············054

Phyllostachys edulis 'Lücaoguijiazhu' ···········062

Phyllostachys edulis 'Luteosulcata' ·········052

Phyllostachys edulis 'Mira' ·······················048

Phyllostachys edulis 'Moonbeam' ············083

Phyllostachys edulis 'Obliguinoda' ·········072

Phyllostachys edulis 'Oboro' ·····················066

Phyllostachys edulis 'Obtusangula' ·········070

Phyllostachys edulis 'Okina' ·····················083

Phyllostachys edulis 'Pachyloen' ············044

Phyllostachys edulis 'Porphyrosticta' ·····034

Phyllostachys edulis 'Purpureoculmis' ···········030

Phyllostachys edulis 'Purpureosulcata' ···········082

Phyllostachys edulis 'Quadrangulata' ·····038

Phyllostachys edulis 'Tao Kiang' ···········050

Phyllostachys edulis 'Tubaeformis' ·········082

Phyllostachys edulis 'Tumescens' ············060

Phyllostachys edulis 'Ventricosa' ············040

Phyllostachys edulis 'Venusta' ·················046

Phyllostachys edulis 'Yuanbao' ···············078